JN297779

コロナ社創立90周年記念出版〔創立1927年〕

情報ネットワーク科学シリーズ 第1巻

情報ネットワーク科学入門

電子情報通信学会【監修】

村田 正幸
成瀬 誠 【編著】

コロナ社

情報ネットワーク科学シリーズ編集委員会

編集委員長　村田　正幸　（大阪大学，工学博士）

編集委員　　会田　雅樹　（首都大学東京，博士（工学））

　　　　　　成瀬　　誠　（情報通信研究機構，博士（工学））

　　　　　　長谷川幹雄　（東京理科大学，博士（工学））

（五十音順，2015年8月現在）

シリーズ刊行のことば

　情報通信分野の技術革新はライフスタイルだけでなく社会構造の変革をも引き起こし，農業革命，産業革命に継ぐ第三の革命といわれるほどの社会的影響を与えている．この変革はネットワーク技術の活用によって社会の隅々まで浸透し，電力・交通・物流・商取引などの重要な社会システムもネットワークなしには存在し得ない状況になっている．すなわち，ネットワークは人類の生存や社会の成り立ちに不可欠なクリティカルインフラとなっている．

　しかし，「情報ネットワークそのもの」については，その学術的基礎が十分に理解されないままに今日の興隆を招いているという現実がある．その結果，情報ネットワークが大きな役割を果たしているさまざまな社会システムにおいて，特にそれらの信頼性において極めて重大な問題を抱えていることを指摘せざるを得ない．劇的に変化し続ける現代社会において，情報ネットワークが人や環境と調和しながら持続発展し続けるために，確固たる基盤となる学術及び技術が必要である．

　現状を翻ってみると，現場では技術者の経験に基づいた情報ネットワークの設計・運用がいまだ多くなされており，従来，情報ネットワークの学術基盤とされてきた諸理論との乖離はますます大きくなっている．実際，例えば，大学における「ネットワーク」講義のシラバスを見ると，旧来の待ち行列理論・トラヒック理論に終始するものも多く，現実の諸問題を解決する基礎とはおよそいい難い．一方，実用を志向するものも確かに存在するが，そこでは既存の通信プロトコルを羅列し紹介するだけの講義をもって実学教育としている．

　本シリーズでは，そのような現状を打破すべく，従来の情報ネットワーク分野における学術基盤では取り扱うことが困難な諸問題，すなわち，大量で多様な端末の収容，ネットワークの大規模化・多様化・複雑化・モバイル化・仮想

化,省エネルギーに代表される環境調和性能を含めた物理世界とネットワーク世界の調和,安全性・信頼性の確保などの問題を克服し,今後の情報ネットワークのますますの発展を支えるための学術基盤としての「情報ネットワーク科学」の体系化を目指すものである.そのためには,既存のいわゆる情報通信工学だけでなく,その周辺分野,更には異種分野からの接近,数理・物理からの接近,社会経済的視点からの接近など,多様で新しい視座からのアプローチが重要になる.

シリーズ第1巻において,そのような可能性を秘めた新しい取組みを俯瞰した後,情報ネットワークの新しいモデリング手法や設計・制御手法などについて,順次,発刊していく予定である.なお,本シリーズは主として,情報ネットワークを専門とする学部や大学院の学生や,研究者・技術者の専門書になることを目指したものであるが,従来の大学専門教育のカリキュラムに飽き足りない関係者にもぜひ一読していただきたい.

電子情報通信学会の監修のもと,この分野の書籍の出版に長年の実績と功績があるコロナ社の創立90周年記念出版の事業の一つとして,本シリーズを次代を担う学生諸君に贈ることができるようになったことはたいへん意義深いものである.

最後に,本シリーズの企画に賛同いただいたコロナ社の皆様に心よりお礼申し上げる.

2015年8月

編集委員長 村田 正幸

まえがき

　情報ネットワークはモバイル利用など種々のサービス利用や用途に応じた制御が行われており，秒〜日オーダの短期的な情報流の変動が絶えず起こっているシステムである．更に，長期にわたる変動，すなわち，利用者の増大に伴って情報流が増大しながら，かつ，新しい利用法の創出によって劇的な変化も頻繁に発生している．すなわち，情報ネットワークはその内的環境，外的環境が相互に影響を及ぼし合いながら絶えず変化する，ほかに類を見ない大規模複雑な人工システムである．これまで情報ネットワークは，その基本技術である光通信技術や無線通信技術などの絶えまない変革によって，情報流の量的拡大への対応がなされてきた．また，利用端末（コンピュータやスマートフォンなど）の仕様に基づいて機能を階層化・分割し，全体を組み上げるという要素還元論的手法によるシステム設計が行われてきた．しかし，情報ネットワークは

(1) それ自体，多くの構成要素から成り立ち，それらの相互依存性がますます高まっていること．

(2) さまざまな通信要求を処理し伝達する開放系であるが，その要求は日々増大し，かつ，利用者の要求の多様化や変化に依存して大きく変動するシステムであること．

(3) データ観測や電力制御等さまざまな社会システムが情報ネットワークに依存するようになり，利用形態がますます複雑化していること．

などの特性を持つ．その結果，エネルギー効率やコスト，規模などを考慮すると，量的拡大による手法ももはや限界に近づきつつある．

　既存の学術基盤における根本的問題は，実世界や人・社会との調和を十分に考慮しないまま「情報ネットワーク」のみを対象として，更に，その性能や通信品質に関する研究開発が多くなされてきたところにある．例えば，航空機は

その部品数が数百万点に達する複雑なシステムであるにもかかわらず，利用者が一定の信頼感を持つのは，長年にわたる信頼性理論や安定性理論など確固たる学術基盤の発展によって事故率が低く抑えられているからにほかならない．一方，情報ネットワークは，接続されているコンピュータ数が数億台，移動体通信などもあわせた端末数が数十億台といわれる大規模システムであり，2020年には接続端末数は数百億台に達するといわれている．更に，航空機のような閉じたシステムではなく，情報流が絶えず変動しながら，成長を続ける開放系である．本学術領域は，このような大規模複雑な，かつ，外的環境や内的環境が変動する動的な情報ネットワークの根底をなす科学の創成を目指すものであり，それなくして利用者の安全・安心，更には信頼の実感は有り得ない．

このような状況に危機感を覚えた編著者らは，平成23年に「情報ネットワーク科学時限研究専門委員会（NetSci 研究会）」を電子情報通信学会通信ソサイエティに設立し，これまでに合計13回の研究会・ワークショップ・シンポジウムを開催し，情報ネットワーク科学における重要課題の抽出と議論を進めてきた．また，その成果を公表するために，英文論文誌特集号も2回刊行している．本書は，同研究会の活動をもとに，情報ネットワーク科学に興味のある学生や企業研究者・技術者の方への一般的解説書としてふさわしい内容となるよう書き下ろしたものである．執筆者は研究会委員や共同研究分担者であり，内容も同研究会で生まれつつあるフィロソフィが中核となっているが，この分野の現状並びに将来について幅広い観点から解説を行うように配慮している．

もちろん，情報ネットワーク科学はまだ発展途上である．多くの研究者が，それぞれの研究者の視点・考え方という窓を通じて，情報ネットワーク科学を構築しようと努力している状況である．全体の考え方が十分確立していないために，用語や内容など統一感に欠ける部分もあるが，それも黎明期にある研究の息吹と感じ取っていただければ幸甚である．本書によって，この分野に興味を持って取り組もうとされる研究者・技術者の方が一人でも増え，情報ネットワークの更なる発展につながれば，それは編著者の望外の喜びである．

本書をまとめるにあたっては，情報ネットワーク科学研究会の総勢58名の多

くの関係各位に感謝するとともに，本書の完成にご尽力くださったコロナ社の皆様に心よりお礼申し上げる．

2015 年 8 月

村　田　正　幸
成　瀬　　　誠

―――― 編著者・執筆者一覧 ――――

【編著者】

村田　正幸（大阪大学）
成瀬　　誠（情報通信研究機構）

【執筆者】

村田　正幸（大阪大学）　　0 部
成瀬　　誠（情報通信研究機構）　0 部, 6 章, 8 章
巳波　弘佳（関西学院大学）　1 章
井上　　武（日本電信電話株式会社）　1 章
長谷川幹雄（東京理科大学）　2 章
合原　一幸（東京大学）　2 章
関屋　大雄（千葉大学）　3 章
若宮　直紀（大阪大学）　4 章
荒川　伸一（大阪大学）　4 章
会田　雅樹（首都大学東京）　5 章, 11 章
高野　知佐（広島市立大学）　5 章
青野　真士（東京工業大学）　6 章
金　　成主（物質・材料研究機構）　6 章
佐藤　健一（名古屋大学）　7 章
長谷川　浩（名古屋大学）　7 章
石川　正俊（東京大学）　8 章
林　　幸雄（北陸先端科学技術大学院大学）　9 章
新井田　統（株式会社KDDI研究所）　10 章
新熊　亮一（京都大学）　11 章
安田　　雪（関西大学）　12 章

（執筆順，2015 年 8 月現在）

目 次

第0部 序—情報ネットワーク科学

1. 情報ネットワークの科学基盤はあったか？ ……………………………… 1
2. 情報ネットワーク科学：本書のアプローチ …………………………… 2

第1部 情報ネットワークのための数理基礎

1. 情報ネットワークの基本的性質を捉える数理

1.1 ネットワークの構造 ……………………………………………………… 6
 1.1.1 現実のさまざまなネットワーク　6
 1.1.2 グラフの定義と性質　6
 1.1.3 現実のネットワークが持つ性質　10
 1.1.4 ネットワーク生成モデル　13
1.2 ネットワークの最適化 …………………………………………………… 17
 1.2.1 最適化とアルゴリズムと計算量　17
 1.2.2 最短路問題　19
 1.2.3 最大フロー問題　22
 1.2.4 信頼性の高いネットワーク設計　26
☕ コラム：スケールフリーネットワークの信頼性　30

2. 複雑系理論と情報ネットワーク

2.1 複雑系とカオス ……………………………………………………………… 31

2.2 カオスと通信 ………………………………………………… 40
2.3 カオスと最適化 ………………………………………………… 46
☕コラム：カオスデザイン　52

3. プロトコル設計と数理基礎理論

3.1 CSMA/CA の動作解析 ………………………………………… 53
 3.1.1 CSMA/CA の基本動作　54
 3.1.2 フレーム衝突の発生要因　57
3.2 マルチホップネットワークへの拡張 ………………………… 60
 3.2.1 マルチホップネットワークの数理モデル　62
 3.2.2 フロー制限に基づく特性解析　68
 3.2.3 数理モデルの評価と考察　73
3.3 数理モデルの構築とプロトコル設計 ………………………… 76

第2部　ネットワークダイナミクスを扱う情報ネットワーク科学

4. 生命のしくみに学ぶ情報ネットワーク

4.1 生命における自己組織化とネットワークへの応用 ………… 79
4.2 生命の環境適応性と情報ネットワーク ……………………… 81
4.3 生命の階層性と情報ネットワーク …………………………… 84

5. 自然界の階層構造に学ぶ自律分散制御モデル

5.1 近接作用の考え方に基づく自律分散制御 …………………… 89
 5.1.1 遠隔作用と近接作用　89
 5.1.2 近接作用と偏微分方程式　91

5.1.3　偏微分方程式に基づく自律分散制御　94
5.2　時間的・空間的スケールと自律分散制御 ………………………… 95
　　　5.2.1　自律分散制御とスケールの階層構造　95
　　　5.2.2　自律分散制御の必要性　97
5.3　拡散型フロー制御技術 ………………………………………………… 98
　　　5.3.1　拡散型フロー制御技術の構成法　98
　　　5.3.2　拡散型フロー制御技術の動作特性　103

6. 自然界のダイナミクスに学ぶ情報ネットワーク機能

6.1　固体光電子系におけるネットワーク ……………………………… 105
6.2　制約充足問題の解決 …………………………………………………… 107
6.3　充足可能性問題の解決 ………………………………………………… 109
6.4　意思決定問題の解決 …………………………………………………… 111

第3部　リアルワールド情報ネットワーク科学

7. 情報ネットワークと消費エネルギー

7.1　情報ネットワークの消費エネルギー ……………………………… 115
7.2　通信ネットワークの消費電力 ………………………………………… 117
7.3　コンピュータ・データセンタの低消費電力化 …………………… 120
7.4　低消費電力化の限界 …………………………………………………… 123
7.5　低消費電力ネットワークの実現 ……………………………………… 126

8. センシングと情報ネットワークの基本課題

8.1　センシング技術の基本構造 …………………………………………… 133

　　　　　　　　　　　　　　　　　　目　　次　　ix

  8.1.1　センサフュージョンの基本　*133*
  8.1.2　センサフュージョンをネットワークにおいて実現するための基本課題　*134*
 8.2　センシングから見たネットワーク技術の基本課題 …………… *137*

第4部　人・社会に拡がる情報ネットワークの科学

---

9. 情報ネットワークとレジリエンス

 9.1　地域メッシュデータ ……………………………………………… *139*
 9.2　レジリエントな情報ネットワークに向けて
  　　：災害時に必要な情報，物資，人材 ……………………………… *141*
 9.3　レジリエントな玉葱状ネットワーク ……………………………… *145*
 ☕コラム：ノード攻撃に耐える玉葱状構造　*153*

10. 通信行動とユーザ心理のモデル化

 10.1　通信ネットワークの QoE ………………………………………… *154*
  10.1.1　QoE とは　*155*
  10.1.2　インターネットサービスの QoE 測定方法　*156*
  10.1.3　QoE 評価に基づくネットワークの設計手法　*158*
 10.2　人とネットワークの相互作用 …………………………………… *159*
 10.3　心理・行動のモデル化 …………………………………………… *160*
  10.3.1　「待つ」行為の認知モデル　*160*
  10.3.2　待ち時間満足度の数理モデル　*162*
 10.4　通信行動のモデル化に向けて …………………………………… *165*
 ☕コラム：マルチタスキングは，パフォーマンスを低下させる？　*166*

11. ソーシャルネットワーク構造を反映した情報ネットワーク制御モデル

11.1 ソーシャルネットワーク構造と社会的距離 …………………… 167
    11.1.1 社会的距離とコンテンツ流通範囲　167
    11.1.2 さまざまな社会的距離の尺度とソーシャルネットワーク構造の変化　169
11.2 社会的距離を反映したネットワーク制御 …………………… 171
    11.2.1 社会的距離に基づく論理ネットワークの制御　171
    11.2.2 社会的距離に基づく物理ネットワークの制御　172
11.3 ソーシャルネットワークの構造・分割・ノード間相互作用のモデル　176
    11.3.1 ラプラシアン行列とその基本的な性質　176
    11.3.2 ラプラシアン行列によるグラフの分割　178
    11.3.3 ネットワーク上の拡散方程式とノード間の非対称相互作用　180
☕ コラム：普遍性と不変性　183

12. 社会的ネットワークと情報ネットワーク科学の創発

12.1 グラフ理論の応用・社会的ネットワーク分析・情報ネットワーク … 184
12.2 情報ネットワーク科学と社会的ネットワーク分析の相互の貢献 … 190
12.3 社会的ネットワークに固有な特徴 …………………………… 192
12.4 情報ネットワーク科学との創発へ …………………………… 198

引用・参考文献 ……………………………………………………… 200
索　　　引 ……………………………………………………………… 214

第0部　序―情報ネットワーク科学

ここでは，**情報ネットワーク科学**に至った課題意識を簡潔に論じるとともに，本書の構成と内容を概観する．

1. 情報ネットワークの科学基盤はあったか？

ネットワーク技術の誕生をどのように定義するかは見解がわかれるところであるが，いわゆる**インターネット**の源流となる研究は，1950年代のコンピュータの発展とともに始まり，やがて**パケット通信技術**が生まれた．その後の発展は瞬く間といえ，情報ネットワークは人類の生存と社会の成立ちに不可欠なクリティカルなインフラへ発展した．

さて，このように急速に発展した情報ネットワークを支える科学はあるのだろうか．本書は，「現時点ではそれが存在していない」，「それこそが問題である」，という立場をとる．

回線交換機を基礎としていた**固定電話網**の時代では，**トラヒック理論**は最適な設備設計を実現するために有効な理論であり，通信ネットワークの学問的基礎をなしていた．また，インターネットの萌芽期において，パケット交換機の設計を行うための基礎として，**待ち行列理論**は確かに有用であった．しかしながら，今日ではインターネットの設計制御において，待ち行列理論の適用可能な領域はすでに消滅し，例えばネットワークの運用はオペレータの経験と勘に強く依存する事態となっている[1]†．

従来，インターネットの発展は，**相互接続性**を保証するためにネットワークプロトコルの階層構造によって維持されてきた．それによって，新たなアプリケーションの収容，帯域の拡大，使用形態の変化に対してこの枠組みで対応し，基本設計の上に機能を追加することによって柔軟な対応を可能としていた．その結果，新しい機能追加はそのための**プロトコル設計**を意味し，そのプロトコ

---

† 肩付数字は巻末の引用・参考文献番号を表す．

ルが「きちんと動作するかどうか」の問題に帰着する．「無矛盾性を保証するための理論」，すなわち，プロトコルの仕様記述と検証が基礎理論となり得るが，ネットワークへの要求機能の多様化のために，確固とした理論的基礎になり得ていない．その結果，機能追加に対して，既存アーキテクチャへのプロトコル追加だけでは対応できない旨の報告もある[1]．

上記のように，既存の「学術」が今日では限界を抱えているということに加え，本書は，そもそも，このように「通信」だけを切り取って論じること自体に，今日ではさほどの重要性はないのではないか，いや，むしろそれこそが問題なのではないか，という立場をとる．その様相をつぎに概観する．

2. 情報ネットワーク科学：本書のアプローチ

情報ネットワークは社会の隅々まで浸透し，電力・交通・物流・商取引など重要な社会システムも情報ネットワークなしには存在し得ない．すなわち，ネットワークは人類の生命や財産に関わる重要な社会活動にも強く影響を与えるクリティカルな社会基盤である．しかしながら，これは一例にすぎないが，その信頼性はほかの社会システムと比べても著しく低いといわざるを得ない．例えば，2014年9月に発表された総務省「電気通信サービスの事故発生状況」において2013年の「事故」（大部分は障害と考えられる）の発生件数は，電気通信事業法の規程に基づいた報告義務のあるものに限っても約45 000件に上る．その結果，ネットワークの障害が大きな社会的問題を引き起こすだけでなく，ネットワーク障害がほかの社会システムに波及し，障害のさらなる拡大によって甚大な被害を各所にもたらすという事態も頻繁に起きている．

それにもかかわらず根本的な対策が講じられていないのは，あるいは講じることができていないのはなぜだろうか．

この問題に対して，本書は，情報ネットワークが，これまでの工学的システムに見られなかった大規模複雑で，かつ，新しいサービスが常に付加的に開発されている動的開放システムであるからという仮説に依拠する．情報ネットワー

クに接続されるコンピュータ数は数億台に達し，端末数は移動体などもあわせて数十億台，近い将来には500億台に達するといわれている[2]．もちろん，端末は極めて多様である．また，モバイル利用など種々のサービスや用途に応じた制御が行われており，ミリ秒オーダのリアルタイム性を必要とする状況から，利用者の増減や新しい利用法の創出などの長期スパンでの劇的変化も頻繁に発生している．すなわち，空間ダイナミクスだけでなく，時間ダイナミクスを有するシステムである．

このような簡単な考察だけからしても，情報ネットワークの科学が「通信」だけを切り取って論じるのみでは不十分であり，人や社会も含んだ全体システムとして捉えるものでなくてはならないことは明らかにわかる．

そこで本書は，つぎのような4部構成でこの問題に取り組む．

まず第1部において「情報ネットワークのための数理基礎」を整備する（第1章～第3章）．第1部の内容は第2部～第4部の基礎と位置付けることができる．

第1章「情報ネットワークの基本的性質を捉える数理」では，グラフ理論の基礎を押さえた上で，スモールワールドネットワーク，スケールフリーなどの情報ネットワークの数理基礎を実際の情報ネットワークの具体例を用いながら導入する．また，情報ネットワークを扱う最適化アルゴリズムについても触れる．第1章で扱う個々の内容については多くの類書が出ているが，本書では，情報ネットワークのモデル化と分析の最重要な基礎に焦点を絞ったコンパクトな記述をしている．詳細は本シリーズの第2巻「情報ネットワークの数理と最適化―性能や信頼性を高めるためのデータ構造とアルゴリズム―（巳波弘佳・井上武共著）」を参照されたい．

第2章「複雑系理論と情報ネットワーク」では力学系・カオスの基礎などいわゆる複雑系理論の基礎を情報ネットワークの特徴に沿って概説する．複雑系に関しては類書が多数出ているが，本書は情報ネットワークとの対応に留意した記述としており，前述の開放型システムの特徴付けの基礎とすることを狙っている．第2章の詳細については本シリーズの第4巻「ネットワーク・カオス―

非線形ダイナミクス・複雑系と情報ネットワーク──(長谷川幹雄・中尾裕也・合原一幸共著)」を参照されたい.

　第3章「プロトコル設計と数理基礎理論」は,従来のプロトコル設計の課題を打破すべく,数理的基礎を伴う形でのプロトコル設計という新しい取組みを示す.

　つぎに第2部を「ネットワークダイナミクスを扱う情報ネットワーク科学」と題し,情報ネットワークのダイナミクスの理解と応用を試みる(第4章～第6章).

　第4章「生命のしくみに学ぶ情報ネットワーク」では動的開放システムとして現実に機能している生命システムを一つの規範として,情報ネットワークの設計・制御に展開する議論を示す.第4章の詳細については本シリーズの第5巻「生命のしくみに学ぶ情報ネットワーク設計・制御(若宮直紀・荒川伸一共著)」を参照されたい.

　第5章「自然界の階層構造に学ぶ自律分散制御モデル」では,一定の秩序を示す動的モデルシステムを規範として,そこから自律性やロバスト性などの情報ネットワーク機能を獲得する議論を示す.第5章の詳細については本シリーズの第3巻「情報ネットワークの分散制御と階層構造(会田雅樹著)」を参照されたい.

　第6章「自然界のダイナミクスに学ぶ情報ネットワーク機能」では,自然界の物質系(固体電子系)におけるネットワークが開放系として環境と相互作用することで,解探索や意思決定という知的機能をもたらすことを示す.

　つぎに第3部を「リアルワールド情報ネットワーク科学」と題し,現実の物理世界とサイバー世界の境界に位置する基本的課題を概観する(第7章,第8章).

　第7章「情報ネットワークと消費エネルギー」では情報ネットワーク全体の消費電力について概観し,その上で情報ネットワークの技術課題を考察する.

　第8章「センシングと情報ネットワークの基本課題」では,情報の効率的伝達を目的としてきた通信技術と物理世界の理解を目的としてきたセンシング技

術には構造的な差異が存在することを指摘し，その克服に向けた重要課題を論じる．

つぎに第4部を「人・社会に拡がる情報ネットワークの科学」と題し，さまざまな社会システムと情報ネットワークの関わりの学術的基礎を構成する試みを論じる（第9章～第12章）．

第9章「情報ネットワークとレジリエンス」では，耐災害性の観点から情報ネットワークを考察し，その上で，頑健性や復旧能力（レジリエンス）に優れたネットワーク構造の自己組織的な構成法を示す．

第10章「通信行動とユーザ心理のモデル化」では，情報サービスの利用者である人の行動を「通信行動」として捉え，認知的人工物としての通信ネットワークという概念設定やその分析を示す．

第11章「ソーシャルネットワーク構造を反映した情報ネットワーク制御モデル」では，ソーシャルネットワークにおけるユーザ間またはユーザと事業者間などに関する社会的距離を考え，望ましい情報ネットワークの制御方法について議論する．

第12章「社会的ネットワークと情報ネットワーク科学の創発」では人の群集行動など社会学的知見と情報ネットワークの分析がどのように相互関係するかなど社会学と情報ネットワーク学の境界に関する取組みの例を示す．

以上のように，第1部の基礎数理，第2部のダイナミクスから，第3部の実世界物理との関わり，第4部の人・社会との関わりへと移るにつれて，動的開放システムにおける開放性を伴う部分がより具体的な内容となっている．ただし，各章は独立して読むことが可能なように配慮されている．

第1部　情報ネットワークのための数理基礎

第1章
情報ネットワークの基本的性質を捉える数理

　情報ネットワークの構造を解析するためにはグラフ理論が有効である．また，情報ネットワークの設計・制御のためには，制約条件を満たしつつ目的を最適化する最適化問題として定式化し，それを解く適切なアルゴリズムを設計するというアプローチが有効である．

　本章では，実世界のさまざまな情報ネットワークを扱うための基本的な数理概念として，特にグラフ理論と最適化問題の基礎について述べる．

1.1　ネットワークの構造

1.1.1　現実のさまざまなネットワーク

　実世界にはさまざまなネットワーク構造が見られる．実際，インターネット，WWWのハイパーリンクでつながれたページ全体の接続関係，電力網，道路網，論文の被引用関係，人間関係，企業間取引関係，生物の神経回路網，生体内のタンパク質相互作用，食物連鎖，言語における単語間の関係など，情報科学・社会科学・経済学・生命科学など幅広い分野において，ネットワーク構造を見出すことができる．図1.1は，Wikipediaにおける参照関係を表したネットワークの一部である．

1.1.2　グラフの定義と性質

　ネットワークの構造を扱うための基盤的な学問として，グラフ理論がある．

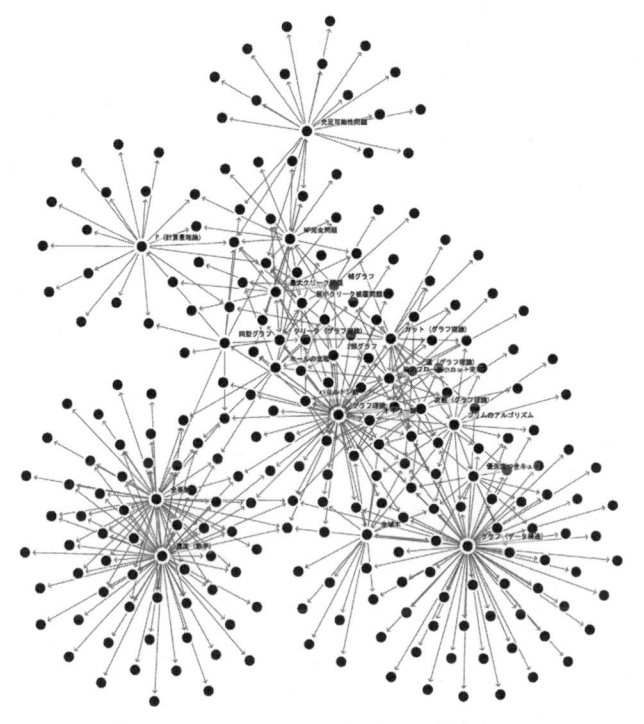

図 1.1 Wikipedia における参照関係を表した
ネットワーク（一部）

ここでグラフとは，**頂点**の集合と，頂点と頂点をつなぐ線分（**辺**という）から構成される図形である．グラフは頂点の接続関係のみを表し，座標を持たない．放物線や三角関数のようなものもグラフと呼ばれるが，ネットワーク分野ではそれとは使い分けている．なお，グラフという用語は構造を表し，ネットワークという用語は，グラフの辺に重みなどの数値が付与されたものとして区別することが多い．グラフの定義は単純であるが，情報科学の諸問題のみならず現実のさまざまな問題やシステムをモデル化できる高い能力を持つ．一方，理論的にも興味深い性質を豊富に含んでおり，離散数学という数学の一分野において深く研究されている．

グラフは，頂点集合 V と辺集合 E $(\subseteq V \times V)$ の組 $G = (V, E)$ として定義される．図 **1.2** は，頂点集合 $\{v_1, v_2, \cdots, v_{10}\}$，辺集合 $\{(v_1, v_2), (v_1, v_4), (v_1, v_5),$

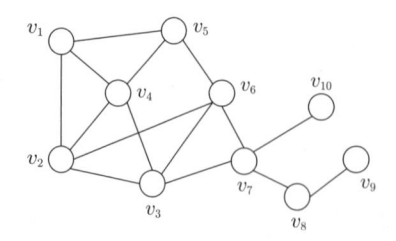

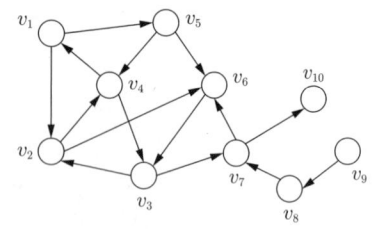

図 1.2 グラフ（無向グラフ）の例   図 1.3 有向グラフの例

$(v_2,v_3),(v_2,v_4),(v_2,v_6),(v_3,v_4),(v_3,v_6),(v_3,v_7),(v_4,v_5),(v_5,v_6),(v_6,v_7),$
$(v_7,v_8),(v_7,v_{10}),(v_8,v_9)\}$ のグラフの例である．

頂点 v と頂点 w の間に辺があるとき，v と w は隣接しているという．(v,w) と (w,v) を区別しないものを**無向グラフ**，区別するものを**有向グラフ**という．有向グラフにおける辺を特に**有向辺**ともいい，有向辺 (v,w) は向きのついた矢印として表される．図 1.3 は有向グラフの例である．

インターネットは，ルータなど通信ノードを頂点，ノード間をつなぐリンクを辺と考えることで無向グラフでモデル化できる．WWW は，ページを頂点，ページ内部からほかのページへ張られているハイパーリンクを有向辺と考えると，有向グラフとしてモデル化できる．

無向グラフにおける頂点の**次数**とは，その頂点に接続している辺の数のことである．例えば，図 1.2 の頂点 v_1 の次数は 3 である．有向グラフにおいては，その頂点からほかの頂点へ向かう有向辺の本数を**出次数**といい，ほかの頂点から入ってくる有向辺の本数を**入次数**という．図 1.3 における頂点 v_5 の出次数は 2，入次数は 1 である．

路（walk）とは，頂点の系列 $(v_{i_1},v_{i_2},\cdots,v_{i_k})$ であって，$(v_{i_1},v_{i_2}),(v_{i_2},v_{i_3}),$ $\cdots,(v_{i_{k-1}},v_{i_k}) \in E$，つまりグラフの中で辺をたどってつながっている頂点の系列であるものをいう．有向グラフの場合は特に**有向路**ともいう．v_{i_1},v_{i_k} は路の端点，$v_{i_2},\cdots,v_{i_{k-1}}$ は内点という．頂点が全て異なる路を**経路**（path）といい，$v_{i_1}=v_{i_k}$ である経路のことを**閉路**（cycle）という．**経路長**とは，その経路に含まれる辺の数である．頂点 v と頂点 w の間の全ての経路の中で最小の経路

長を持つ経路のことを，v と w の間の**最短路**という．頂点 v と頂点 w の間の**距離**とは，v と w の間の最短路の経路長のことである．グラフの任意の 2 頂点間の距離の最大値を**直径**，グラフの任意の 2 頂点間の距離の平均値を**平均頂点間距離**という．図 1.2 では，$(v_1, v_4, v_3, v_7, v_8, v_9)$ は一つの経路，$(v_1, v_2, v_3, v_6, v_5, v_1)$ は一つの閉路，v_1 と v_9 の距離は 5 であり，このグラフの直径は 5，平均頂点間距離は 98/45（約 2.18）である．各辺に重み（weight）と呼ばれる数値が付与されている場合は，経路の重みをその経路に含まれる辺の重みの和とする．辺の重みはコスト（cost）や長さ（length）と呼ばれることも多いため，経路の重みのことを，経路のコストや経路長ということもある．頂点 v と頂点 w の間の全ての経路の中で最小の経路の重みを持つ経路のことを最短路といい，最短路の経路の重みを v と w の間の距離という．これらは，経路に含まれる辺の数で定義される最短路や距離を拡張したものになっている．

グラフにおいて，頂点 v と頂点 w との間に路が存在するとき，v と w は**連結**であるという．グラフの任意の 2 頂点が連結しているとき，**連結グラフ**という．

よく使われるグラフ形状として，**完全グラフ**と**木**がある．完全グラフとは，全ての頂点が互いに隣接しているグラフのことである（図 **1.4**）．閉路を持たない連結なグラフを木という（図 **1.5**）．

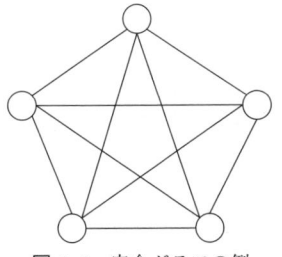

図 **1.4** 完全グラフの例   図 **1.5** 木 の 例

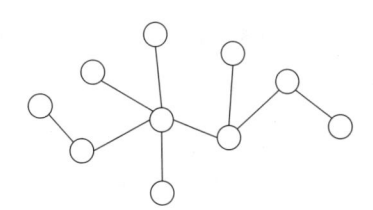

グラフ $G = (V, E)$ において，$V'(\subseteq V)$ と $E'(\subseteq E)$ によって定まる $G' = (V', E')$ がグラフであるとき，つまり，$e = (v, w) \in E'$ なら $v, w \in V'$ であるとき，G' は G の**部分グラフ**という．特に，$V' = V$ であるとき，G' を**全域部分**

グラフという．また，全域部分グラフが木であるとき，特に**全域木**という．図 **1.6**(b) は，図 (a) のグラフにおける部分グラフの例であり，図 (c) は全域木の例である．

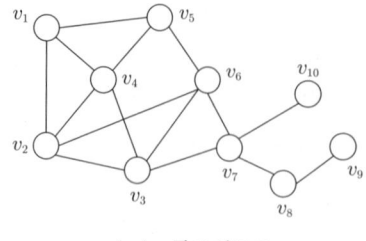

（a） 元のグラフ

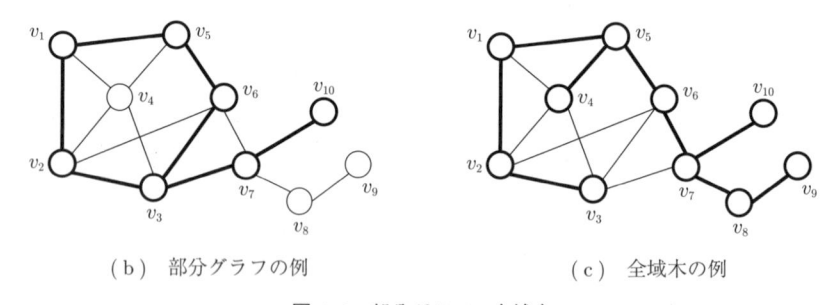

（b） 部分グラフの例 （c） 全域木の例

図 **1.6** 部分グラフ，全域木

1.1.3 現実のネットワークが持つ性質

実世界に存在するさまざまなネットワークの構造（グラフ）には，さまざまな特徴的な性質がみられる．

まず，次数の非一様性である．次数 k を持つ頂点の数の割合 $r(k)$ を，k に関する関数とみて，そのグラフの**次数分布**という．グラフの次数分布が $k^{-\gamma}$（べき指数 $\gamma > 0$ は定数）に比例する場合，次数分布がべき**乗則**に従うという．直観的には，小さな次数の頂点は多く，大きな次数の頂点は少ないという偏りがあるが，少ないながらも大きな次数の頂点が極端に少ないわけではないことを意味している．このような偏りがあるため，正規分布のように平均的な次数の

頂点が多いこともなく，ごく一部の「勝ち組」だけが異常に突出していることもない．そのため，この性質を持つネットワークは，分布の偏りを特徴付ける平均的な尺度（スケール）が存在しないということから，**スケールフリー**とも呼ばれている．

図 1.7 に，あるネットワークの次数分布の例をあげる．横軸は次数 (degree)，縦軸はその次数の頂点の個数 (frequency) とし，両軸を対数軸でとった両対数グラフで描いている．なお，関数 $y = x^{-\gamma}$ を，X 軸・Y 軸をそれぞれ対数でとった X–Y 平面で描くと，$Y = \log y$，$X = \log x$ なので，$Y = -\gamma X$ となり，傾きが $-\gamma$ の直線になる．逆にいえば，次数分布を両対数グラフで描いたとき，傾きが負の直線になれば，べき乗則にしたがうといえる．図 1.7 において，次数分布がほぼ直線上にあるので，べき乗則にしたがっているといえる．

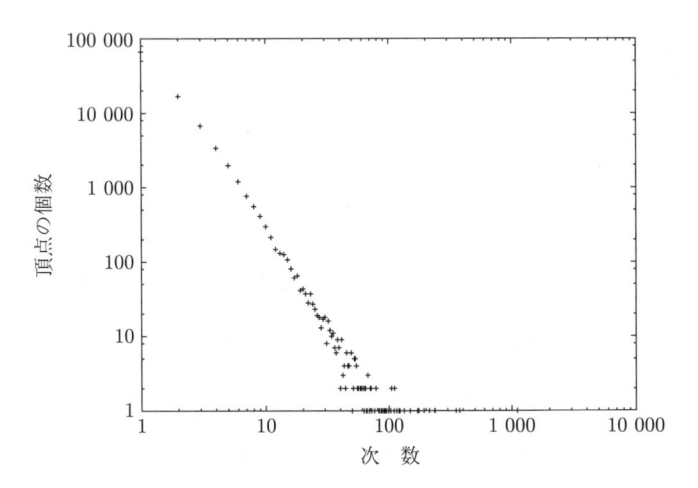

図 1.7 スケールフリーネットワークの次数分布の例

人間関係を表すグラフの次数分布も，べき乗則にしたがうことが知られている．人を頂点，友人関係を辺で表すと，友人が多いということは次数が大きいことを意味する．ほかにも，インターネットなど実世界に存在する多くのネットワークがスケールフリーネットワークであることが知られている．

実世界のネットワークには，局所的に密であることが多いという性質もある．

人間関係を例にとると，自分の友人同士は互いに友人である可能性が大きいということである．言い換えれば，自分と友人2人を表す三つの頂点が互いに辺で結ばれた三角形の数が多いということであるが，このような性質は，人間関係に限らずさまざまなネットワークで観察され，クラスタ性が高いという．

次数 k の頂点 v における**クラスタ係数**とは，v に隣接している k 個の頂点から二つの頂点を選ぶ $k(k-1)/2$ 通りの組合せのうち，実際に存在する辺数の割合と定義する．つまり

$$C(v) = \frac{v\text{の隣接頂点を両端点に持つ辺の数}}{k(k-1)/2}$$

と定義する．なお，次数1や0の頂点のクラスタ係数は0とする．また，グラフ全体のクラスタ係数 C を，全ての頂点のクラスタ係数の平均値と定義する．頂点 v に隣接する二つの頂点の間に辺があるならば，v とあわせて三角形ができる．したがって，v におけるクラスタ係数とは，v とそれに隣接する二つの頂点から構成し得る全ての三角形のうち，グラフ内に実際に存在するものの割合ともみなせる．この考え方を拡張して四角形の割合を用いることもできる．直感的には，「局所的に密」なグラフであればクラスタ係数は高い．図1.2のグラフでは，$C(v_4) = 3/6 = 1/2$，$C = 3/8$ (0.375) となっている．木のクラスタ性は低く（クラスタ係数は0），完全グラフは高い（クラスタ係数は1）．現実のネットワークのクラスタ係数は，規模によらず0.1〜0.7程度と観測されている．

つぎの性質は，実世界のネットワークの平均頂点間距離は小さいということである．1969年，トラバースとミルグラムは，アメリカの西海岸に住む人が，東海岸に住むランダムに選んだ人にまで手紙を届ける実験を行った．ファーストネームで呼び合うくらいの親しい人にしか手紙を渡せないという条件で，手紙をリレーのように転送していってもらうと，平均6回程度の転送で届いた．これは，人間関係ネットワークは極めて巨大なものにも関わらず，平均頂点間距離がとても小さいことを示唆している．

前にあげたクラスタ性の高さと，平均頂点間距離の小さいことをあわせて，**スモールワールド性**があるということがある．人間関係だけでなく，スモー

ワールド性を持つネットワークが数多く発見されている．

1.1.4 ネットワーク生成モデル

前項で述べた，実世界のさまざまなネットワークで見られる性質を説明するために，多くの仮説（生成モデル）が検討されてきた．

まず，ランダムグラフを紹介する．n 個の要素からなる頂点集合 V を持つグラフは全部で $2^{n(n-1)/2}$ 個ある（任意の二つの頂点の組は全部で ${}_nC_2 = n(n-1)/2$ あるから）．これらのグラフの中から，ある確率でランダムに選ばれて生成されたグラフをランダムグラフという．どのように選ぶかによって，多くのバリエーションがある．エルデシュとレーニイによって考えられたランダムグラフはつぎのようなものである．任意の二つの頂点の組 $\{v_i, v_j\} (\subseteq V \times V)$ に対して，辺 (v_i, v_j) が存在する確率を p $(0 \leq p \leq 1)$，存在しない確率を $1 - p$ とする．辺が存在するかどうかは，$n(n-1)/2$ 通りの組それぞれについて独立に定まるとする．全ての2頂点の組について，その頂点間に辺が存在するか否かを確率的に決めることによって，一つのグラフが生成される．このようにグラフを生成するモデルは，エルデシュとレーニイの頭文字をとって **ER モデル** (Erdös-Rényi model) と呼ばれる．**図 1.8** に ER モデルによって生成された頂点数 100 のグラフの例をあげる．定義は簡単で，さまざまな量が比較的解析しやすいので，このランダムグラフの概念を利用してグラフ理論の多くの定理が証明されている．

ER モデルで生成されるグラフの次数が k である確率 $r(k)$ を求めてみよう．ある頂点 v の次数が k ということは，v 以外の $n-1$ 個の頂点のうち k 個との間に辺があり，それ以外はないということである．したがって，ある k 個の頂点を指定すれば，それらとの間にのみ辺がある確率は $p^k(1-p)^{n-1-k}$ である．このような k 個の頂点の組は ${}_{n-1}C_k$ 個あるので，結局 $r(k) = {}_{n-1}C_k p^k (1-p)^{n-1-k}$ である．右辺は二項分布というものである．$\lambda = (n-1)p = $ 平均次数 を一定に保ちつつ $n \to \infty$ としたとき，$r(k) = e^{-\lambda} \lambda^k / k!$ に収束することがわかっているが，右辺はポアソン分布というものである．式をみてわかるように，べき

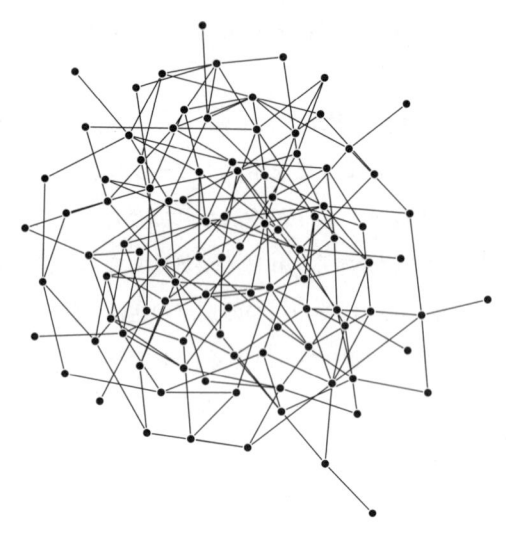

図 1.8 ER モデルによって生成されたグラフの例

乗則にしたがっていない．ER モデルは自然な生成モデルのように思えるため，現実のネットワークのモデルとしても使えるのではないかとも考えられたが，少なくともスケールフリーネットワークのモデルにはならない．

クラスタ係数はつぎのように計算できる．次数 k のある頂点 v の隣接頂点において，二つの頂点の組は全部で ${}_kC_2$ 通りあり，それぞれに辺ができる確率は独立に p であるから，隣接頂点間の辺の本数の期待値は ${}_kC_2 \cdot p$ であり，v におけるクラスタ係数の期待値は ${}_kC_2 \cdot p / {}_kC_2 = p$ である．グラフ全体のクラスタ係数は，$p \cdot n/n = p$ となる．

また，平均頂点間距離は，$\log n$ に比例することがわかっている．

スケールフリーネットワークを生成できる自然なモデルは，1999 年，バラバシとアルバートによって提案された．このモデル（**BA モデル**：Barabási-Albert model）は，**成長**（growth）と**優先的選択**（preferential attachment）の原理に基づき生成される．成長とは，時間経過にしたがって頂点が次々にグラフに追加されていくということであり，優先的選択とは，新たに一つの頂点が加わる際，元からある頂点のうち次数の大きい頂点と高い確率で結びつきやすいと

いうことである．偶然に次数が大きくなった頂点は，その後新しく加わった頂点とつながりやすくなるため，一層次数が高くなりやすくなる．このようにして次数分布の非一様性が現れる．WWW を例に考えてみる．多くのサイトからハイパーリンクを張られているサイトは人気が高いといえる．新たにサイトを新設した人は，関連するほかのサイトへのハイパーリンクを張るとき，人気の高いサイトを選ぶ傾向にあるだろう．これは優先的選択をしていることに相当する．

BA モデルによるグラフ生成の過程をもう少し詳しく記述するとつぎのようになる：まず m_0 個の頂点からなる完全グラフを初期グラフとする．頂点が一つ加わるたびに，m 本の辺を既存のグラフの頂点との間に優先的選択によってつなぐ．頂点の数が n 個の既存のグラフの頂点 v_i の次数が k_i であるとき，新しい辺が v_i につながる確率を

$$\frac{k_i}{\sum_{j=1}^{n} k_j}$$

とする．分母は正規化のための定数にすぎないので，要は，既存の頂点にはその次数に比例する確率でつながるということを意味する．図 **1.9** に，$m_0 = 3, m = 2$ の場合のグラフ生成の過程の例を示している．図 **1.10** に BA モデルで生成された頂点数 100 のグラフの例をあげる．

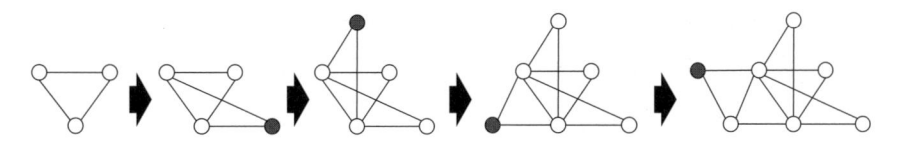

● 新たに加わる点

図 **1.9** BA モデルによるグラフ生成過程

図 1.10 のグラフにおいて，真ん中あたりに特に次数の大きな点がいくつかあるほか，小さな次数（特にこの場合の最小の次数である 2）の点が多いといった特徴が見てとれるが，図 1.8 のグラフにおいては，そのような大きな偏りは

図 1.10 BA モデルによって生成されたグラフの例

見受けられない．これは，BA モデルによって生成されるグラフにはスケールフリー性があるが，ER モデルによって生成されるグラフにはそれがないことを反映している．

BA モデルによって生成されるグラフの次数分布は k^{-3} に比例することがわかっている．また，BA モデルにおいては成長と優先的選択がともに用いられているが，これらがそろってはじめてべき乗則が現れ，片方だけではべき乗則は現れないこともわかっている．非一様性だけであれば，優先的選択だけでも出現するが，べき乗則にはならない．

BA モデルの平均頂点間距離は $\log n / \log \log n$ に比例し，クラスタ係数 C は $(m/8) \cdot (\log n)^2 / n$ に比例することが知られている．クラスタ係数については，頂点の数が多くなるにしたがって 0 に収束することを意味するので，クラスタ性が高いとはいえない．

成長と優先的選択という概念に基づいたバリエーションは数多く提案されている．例えば，辺の張替えや消滅を取り入れたり，各頂点に適合度という固有の値を付与することによって，次数と適合度の両方の作用によって優先的選択の確率を制御するものなどがある．BA モデルを拡張して，任意のべき指数のものを生成したり，高いクラスタ性を持たせるようにしたものもある．また，成長と優先的選択以外の原理に基づくモデルも数多く提案されている．

1.2 ネットワークの最適化

1.2.1 最適化とアルゴリズムと計算量

与えられた制約条件を満たしつつ目的を最適化するという最適化問題は，ネットワークの分野のみならず，実世界のさまざまな場面に見られる．例えば情報通信ネットワークは，リンクやノード故障などの障害時においても通信が継続できるという制約条件を満たしつつ，コストを最小化するという最適化問題を解いて設計されなければならない．

一般に，最適化問題を解くための簡単な公式のようなものはなく，個々の最適化問題に対してそれを解くためのアルゴリズムというものが必要である．**アルゴリズム**とは，四則演算・論理演算や，データの読出し・書込みなどの基本ステップを，条件判定や繰返しと組み合わせた一連の処理手順であって，有限回の基本ステップの実行の後，停止するものをいう．アルゴリズムをC言語などのプログラミング言語で記述すれば，コンピュータ上で実行することができるため，プログラムを抽象化したものと捉えてもよい．

ある最適化問題を解くアルゴリズムは一般に多数存在する．最適解になり得るものを全て列挙して一つ一つ調べるというものも最適解を求めるアルゴリズムであるが，このような方法は効率が悪く，問題の規模が大きくなると，たとえ高性能なコンピュータを用いても現実的な時間では解けない．そのため，同じ最適化問題を解くアルゴリズムであっても，効率的に最適解を得られるものの方が望ましい．つまり，最適化問題に対して，効率的なアルゴリズムを設計することがたいへん重要である．

アルゴリズムの効率性を測る評価尺度として**計算量**がある．これは，アルゴリズムが停止するまでのステップ数を，問題の入力サイズの関数として表したものである．入力サイズとは，例えばネットワークの頂点や辺の数のことであり，これらが大きくなると，最適解を得るまでのステップ数は一般に増加する．計算量は，入力サイズの増加に対するステップ数の増加速度を意味する．ステッ

プ数は計算時間に対応するため，計算量とは，入力サイズの増加に対して計算時間がどのように増加していくか，その傾向を表すものであるといえる．

計算量が，入力サイズを表す変数に関して多項式関数で表せるとき，そのアルゴリズムは多項式オーダの計算量を持つ，または多項式時間アルゴリズムという．ある最適化問題に対して，多項式時間アルゴリズムが存在するのであれば，かなり大規模な入力サイズのものであっても高速に解けるのであるが，そのようなアルゴリズムが存在しなければ（計算量が指数関数で表せるアルゴリズムしかない），入力サイズが大きくなると計算時間が急激に増加するため，現実的な時間内には解けない可能性も高くなってくる．そこで，ある最適化問題の難しさを，それを解く多項式時間アルゴリズムが存在するか否かで測ろうとすることは妥当であろう．

とはいえ，ある最適化問題に対して多項式時間アルゴリズムが存在しないと証明することは簡単ではない．しかし，「もしその問題に対して多項式時間アルゴリズムが存在するならば『P=NP』となってしまうこと」（**NP 困難**という）を証明できる場合は多い．ここで P とは，多項式時間アルゴリズムが存在する問題の集合であり，NP とは，解候補が与えられれば解かどうかを多項式時間アルゴリズムで判定できる問題の集合のことである．つまり，『P=NP』とは，解そのものを求めることと，与えられた解候補が本当に解かどうかをチェックすることは同等であることを意味するが，とてもそのようには思えない．しかし，これはじつは自明ではなく，計算科学分野の最大の未解決問題「**P≠NP 問題**」なのである．未解決ではあるのだが，『P≠NP』と予想されている．そのため，ある最適化問題が NP 困難ということが証明できれば，その問題に対して多項式時間アルゴリズムは存在しないと予想されることになる．

以上から，最適化問題を扱う場合の一般的な流れとしては，まず多項式時間アルゴリズムが設計できるかどうか考え，それがうまくできそうになければ，つぎに NP 困難かどうかを調べる．NP 困難であることが証明できれば，多項式時間アルゴリズムの存在は期待できないので，近似アルゴリズムやヒューリスティックアルゴリズムを検討したり，問題の条件を絞って多項式時間アルゴ

リズムを設計できるかどうか調べることになる．

NP困難な最適化問題に対して多項式時間アルゴリズムは期待できないが，計算量が指数関数で表されるようなアルゴリズムであればさまざまなものが設計できる．一般にそのようなアルゴリズムでは計算時間が掛かりすぎて使い物にならないことが多いが，うまく工夫すれば現実的な規模の入力サイズであっても実用的な計算時間で解けるようにできることもある．そのようなアルゴリズムとして，**BDD**（Binary Decision Diagram）や**ZDD**（Zero-suppressed BDD）に関する研究が，ここ近年，急速に発展している．これらは本シリーズ第2巻「情報ネットワークの数理と最適化―性能や信頼性を高めるためのデータ構造とアルゴリズム―」で詳しく紹介する．

1.2.2 最短路問題

ネットワークにおける代表的な最適化問題として，**最短路問題**がある．

ここで扱うネットワークは，辺に数値が与えられているものを指す．Gを連結無向グラフ（もしくは有向グラフ）$G = (V, E)$（Vは頂点集合，Eは辺集合）とし，辺重み関数wを，各辺$e\ (\in E)$に正の実数値$w(e)$を対応させる関数とする．ネットワーク$N = (G, w)$は，その構造を表すグラフGと，辺重み関数の組で定義される．

このようなネットワークの例として，道路網やインターネットがある．インターネットにおいては，辺に対応するノード間通信リンクにはリンクコストと呼ばれる数値が定義されており，それを辺の重みとした最短路が通信経路として用いられている．

ネットワークにおいて二頂点間の最短路を求める問題（最短路問題）は，重要な最適化問題の一つである．通信経路の決定や，カーナビでの目的地への経路案内など，ネットワークに関わるさまざまな応用において，最短路問題を解くことが必要不可欠である．

ネットワーク$N = (G, w)$において，頂点sからほかの全ての頂点への最短路は，sを始点とする一つの全域木（**最短路木**）によってまとめて表すことが

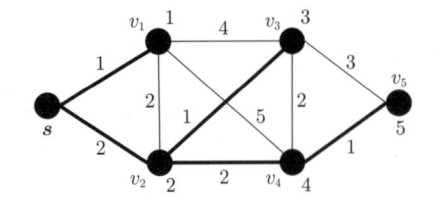

※太線は最短路木
頂点のそばの数字は，s から
その頂点までの距離

図 1.11　ネットワークと最短路木の例

できる．図 1.11 にネットワークと最短路木の例をあげる．

最短路木 T では，G における頂点 s から頂点 v への最短路は，T の中で s と v の間の唯一の経路となっている．例えば，図 1.11 において，頂点 s から頂点 v_5 への最短路は $\{s, v_2, v_4, v_5\}$ であるが，頂点 s を始点とする最短路木 T の中の唯一の経路でもある．

最短路を求めるためには最短路木を求めることができれば十分であり，そのためのアルゴリズムとして**ダイクストラ法**が知られている．ダイクストラ法は，最短路問題を解く多項式時間アルゴリズムであり，実際にも高速であるため，カーナビなどさまざまなアプリケーションにおいても用いられている．

ダイクストラ法の基本的な考え方を述べる．各頂点 v には，始点 s からの暫定距離 $dist(v)$（初期値は例えば ∞）が与えられている．すでに距離が決まっている頂点の集合 P（初期状態では，始点 s のみを含む）と，まだ決まっていない頂点集合 $V \backslash P$（V から P の要素を除いた集合）を考える．アルゴリズムの進行とともに $V \backslash P$ の各頂点の暫定距離を更新し，距離が確定した頂点 v^* を P に入れる．全ての頂点が P に入れば終了する．ここで，暫定距離の更新は，新たに P に入った頂点 v^* の隣接頂点に関してのみ行えばよく，暫定距離と v^* 経由の距離を比較して小さいほうを選んで更新する．v^* としては，$V \backslash P$ の頂点の中で暫定距離が最小のものを選べばよい．それが v^* までの距離になっている．もしそうでなければ，より短い経路長の s から v^* までの経路が存在することを意味するが，その経路を s からたどってはじめて到達する $V \backslash P$ の頂点 v' の暫定距離 $dist(v')$ が $dist(v^*)$ より小さいことになってしまい，v^* が $V \backslash P$ の頂点の中で暫定距離が最小のものであることに矛盾するからである．図 1.12 にダイクストラ法の実行例をあげる．

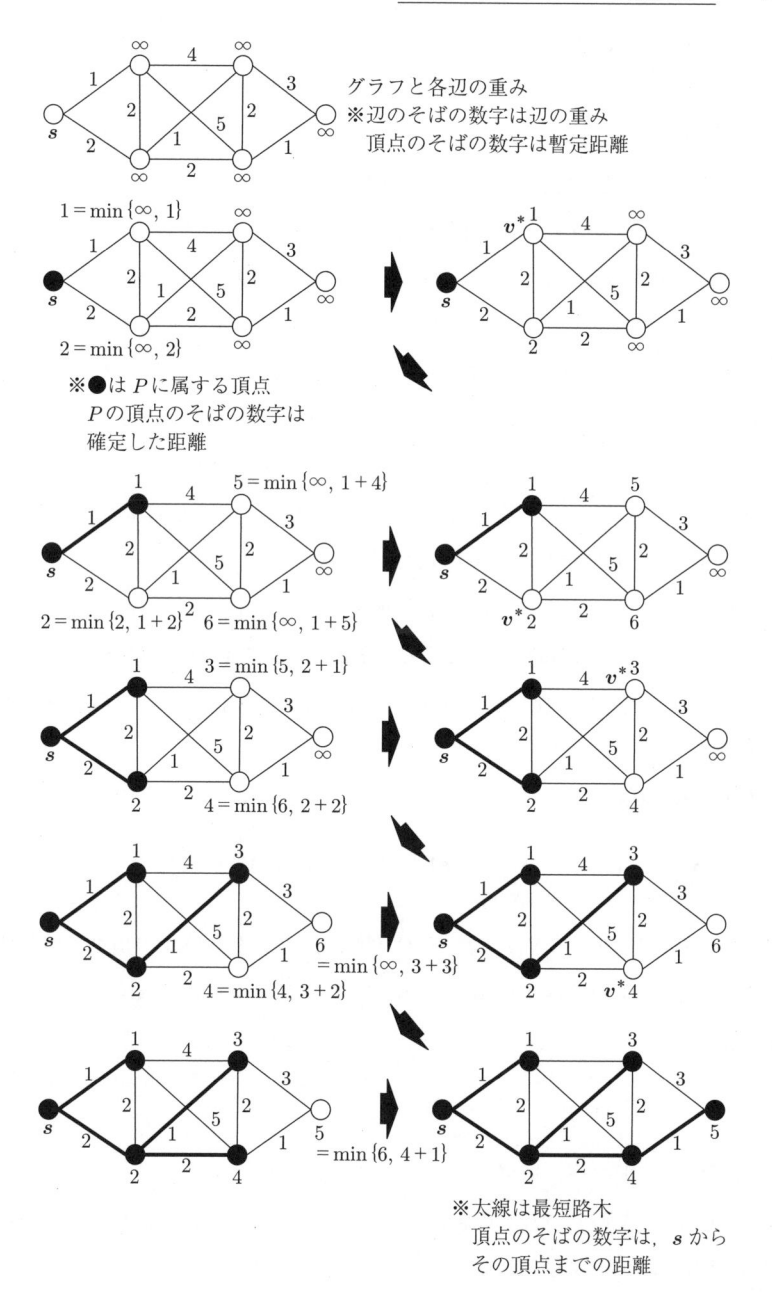

図 **1.12** ダイクストラ法の実行例

1.2.3 最大フロー問題

ネットワークにおけるほかの代表的な最適化問題として，**最大フロー問題**がある．情報通信ネットワークの2ノード間においてデータを最大限流せる経路の決定など，さまざまな応用において重要である．

ここで扱うネットワークは，G を連結無向グラフもしくは有向グラフ $G = (V, E)$ （V は頂点集合，E は辺集合）とし，辺容量関数 c を，各辺 $e(\in E)$ に正の実数値 $c(e)$ を対応させる関数とする．辺の容量は，情報通信ネットワークではノード間リンクの通信容量に対応するものである．ネットワーク $N = (G, c)$ は，その構造を表すグラフ G と，辺容量関数の組で定義される．

以下では説明を簡単にするために，有向グラフからなるネットワークを考える．無向グラフの場合は，各無向辺 (u, v) を，(u, v) と (v, u) の2本の有向辺に置き換えて有向グラフに変換すればよい．

まず，ネットワーク上のフローを定義する．ネットワーク $N = (G, c)$ において，$G = (V, E)$ を有向グラフとする．2頂点 $s, t \in V$ 間のフロー f を，各辺 $e\,(\in E)$ に正の実数値 $f(e)$ を対応させる関数であって，つぎの**フロー保存制約**と**容量制約**を満たすものと定義する．

【フロー保存制約】

$$\sum_{e \in OUT(v)} f(e) - \sum_{e \in IN(v)} f(e) = 0 \qquad (\forall v \in V \backslash \{s, t\})$$

ただし，$OUT(v)$ と $IN(v)$ は，それぞれ，頂点 v からほかの頂点へ接続する有向辺集合，ほかの頂点から頂点 v へ接続する有向辺集合を表す．

【容量制約】

$$0 \leq f(e) \leq c(e) \qquad (\forall e \in E)$$

情報通信ネットワークで考えると，フローはノード s からノード t への通信データの流れを表している．辺 e におけるフロー $f(e)$ は，通信リンクに流れる単位時間当りのデータ量に対応している．途中の中継ノードでは，入ってきたデータとちょうど同じ量のデータが送出されなければならないが，それがフロー

保存制約に対応し，ノード間の通信リンクで送ることができる単位時間当りの最大データ量が容量制約に対応している．

ネットワーク上のフロー f において

$$|f| = \sum_{e \in OUT(s)} f(e) - \sum_{e \in IN(s)} f(e)$$

を，f の**フロー値**という．これは頂点 s からの流出量であり，フロー保存制約から，頂点 t への流入量

$$\sum_{e \in IN(t)} f(e) - \sum_{e \in OUT(t)} f(e)$$

に等しい．

フロー値 $|f|$ が最大となるようなフロー f を求める最適化問題を最大フロー問題という．

最大フロー問題においては，各有向辺のフローを変数としたとき，フロー保存制約，容量制約，フロー値も全て変数に関する一次式で表されているため，一次不等式や方程式の集合を制約条件として一次式を最大化する問題，つまり線形計画問題としても定式化できる．そのため，線形計画問題を解くアルゴリズムを用いて最大フロー問題を解くこともできるが，ここでは，グラフの構造を利用して最大フロー問題を解く多項式時間アルゴリズムである，**Ford** と **Fulkerson** による**最大フローアルゴリズム**について述べる．

まず，s から t への経路のうち，$f(e) < c(e)$ を満たす有向辺 e のみを用いた経路 P を見つけ，そのような経路がある限り，その経路に沿って可能な限りのフローを追加する．つまり，P 上のフロー $f(e)$ ($\forall e \in P$) を

$$\Delta = \min_{\forall e \in P} \{c(e) - f(e)\}$$

だけ増加させ

$$f(e) \leftarrow f(e) + \Delta \quad (\forall e \in P)$$

と更新する．しかし，この操作をフロー値を増加できなくなるまで繰り返しても最大フローが求まるとは限らない．フローを一部「押し戻す」ことによって，

より大きいフロー値にすることが可能であれば，それを実行する．押し戻しも含めてフロー値を増やせる経路が存在する限り，それに沿ってフローの更新を反復するというのが，Ford と Fulkerson による最大フローアルゴリズムの基本的な考え方である．

もう少し詳細に述べる．有向辺 $e = (u,v)$ に対して $e^r = (v,u)$ と表記することにする．一つのフロー f に対して

$$E_f \overset{\mathrm{def}}{\iff} \{e \mid e \in E, f(e) < c(e)\} \cup \{e \mid e^r \in E, f(e^r) > 0\}$$

とする．ここで，$\{e \mid e \in E, f(e) < c(e)\}$ の有向辺を前向き辺，$\{e \mid e^r \in E, f(e^r) > 0\}$ の有向辺を後向き辺ということにする．更に $c_f(e) = c(e) - f(e)$ (e が前向き辺の場合)，$c_f(e) = f(e^r)$ (e が後向き辺の場合) とする．

有向グラフ $G_f = (V, E_f)$ と，その辺容量 $c_f = \{c_f(e) \mid e \in E_f\}$ の組 $N_f = (G_f, c_f)$ を，フロー f に対する残余ネットワークという (図 1.13)．ただし辺容量が 0 の辺は除いて考える．残余ネットワーク N_f は，f に対して，あとどれくらい流すことができるかを表していると考えることができる．前向き辺においては，現在のフローと辺容量の間に差があるので，その差いっぱいまで更に流すことが可能である．後向き辺においては，その有向辺を流れている分まで現在のフローを削減する（押し戻す）ことが可能である．後向き辺のフローを削減しても，ほかの辺に流すことによって，結局より多くのフロー量が流せるならばそのほうがよい．残余ネットワークにおいて，始点から終点への

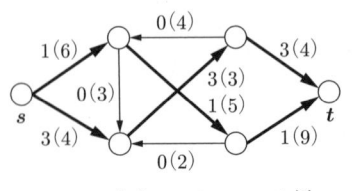

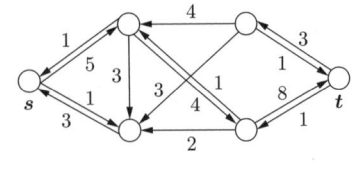

⟵ s から t へのフローの例　　左のフローに対する残余ネットワーク

※ $a(b)$ は，その辺を流れるフローの大きさが a，辺容量が b であることを意味する

図 1.13　残余ネットワーク

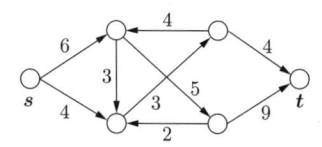

1.2 ネットワークの最適化

グラフと各辺の辺容量
※辺のそばの数字は辺容量

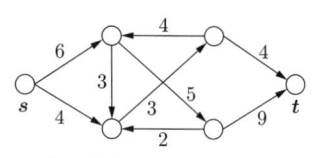

左の残余ネットワーク N_{f1}

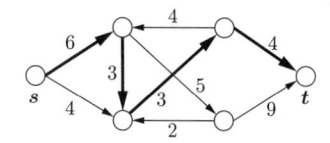

← N_{f1} における $\Delta=3$ のフロー追加路

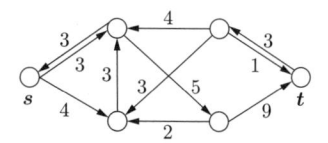

左のフローにより更新されたフローの残余ネットワーク N_{f2}

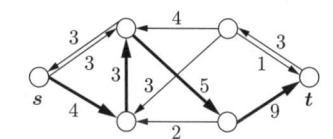

← N_{f2} における $\Delta=3$ のフロー追加路

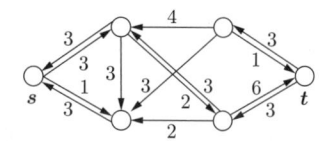

左のフローにより更新されたフローの残余ネットワーク N_{f3}

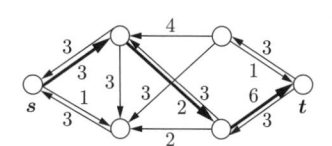

← N_{f3} における $\Delta=2$ のフロー追加路

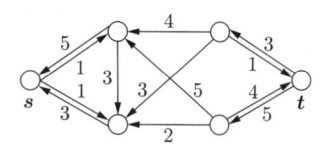

左のフローにより更新されたフローの残余ネットワーク N_{f4}
フロー追加路がないのでここで終了

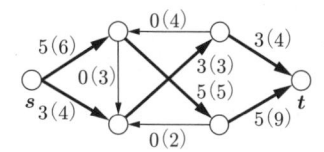

← 最大フロー(フロー値は8)

※ $a(b)$ は，その辺を流れるフローの大きさが a 辺容量が b であることを意味する

図 1.14 Ford と Fulkerson による最大フローアルゴリズムの実行例

有向路をフロー追加路という．フロー追加路 P に沿って

$$\Delta = \min\{c_f(e) \mid e \in P\}$$

だけフローを追加する．つまり，各辺 $e \in E$ に対して

$$f'(e) = f(e) + \Delta \quad (e \in P \text{ の場合})$$
$$f'(e) = f(e) - \Delta \quad (e^r \in P \text{ の場合})$$
$$f'(e) = f(e) \quad (\text{その他の場合})$$

とする．このように更新されたフロー f' のフロー値は，f より Δ だけ増加している．フロー追加路としては，例えば，残余ネットワークにおける始点から終点への最短路を選ぶと効率がよいことがわかっている．

　残余ネットワークのフロー追加路に沿ってフローを追加し，フローを更新する．これを反復し，残余ネットワークにフロー追加路が存在しなくなれば停止する．そのとき頂点のフローのフロー量は最大であることがわかっている．

　Ford と Fulkerson による最大フローアルゴリズムの実行例を図 **1.14** にあげる．

1.2.4　信頼性の高いネットワーク設計

　ノード（ルータなど）と，ノード間をつなぐリンクから構成される情報通信ネットワークの構造を表すグラフは連結している必要がある．辺数とコストが比例するとしたとき，最小コストでネットワークを作るのであれば，最小本数の辺で全ての頂点を連結するグラフ，つまり木でよいことになる．しかし信頼性は低い．なぜなら，たった一か所の辺が切断されると木は二つの木に分断される，つまり一か所のリンクが故障しただけで通信不能なノード対が現れてしまうからである．情報通信ネットワークでは，一部に故障が発生しても，通信の途絶や品質劣化を避けられるように設計されていなければならない．この意味でのネットワーク構造の信頼性を評価する重要な概念の一つとして連結度がある．

無向グラフ $G = (V, E)$ において,頂点部分集合 W ($W \subset V, W \neq \emptyset$) に対して,辺の部分集合 $\{(v, w) \in E \mid v \in W, w \in V \setminus W\}$ を $E(W)$ と表して,**カット**という.$A \subseteq W$, $B \subseteq V \setminus W$ であるとき,カット $E(W)$ は A と B を分離するといい,$E(W)$ に含まれる辺の本数を**カットサイズ**という.A と B を分離する任意のカットのサイズが k 以上であるとき,A と B は **k 辺連結**という.k 辺連結であるような最大の k を A と B の間の**局所辺連結度**といい,$\lambda(A, B)$ と表す.情報通信ネットワークでいえば,どのような $(\lambda(A, B) - 1)$ 本以下の同時リンク故障によっても,A と B の間は通信が継続できることを意味する.図 1.15(b) においては,$W = \{v_1, v_2, v_3, v_4\}$ とすると,$E(W) = \{(v_4, v_5), (v_4, v_7)\}$ である.$A = \{v_1, v_2, v_3\}$, $B = \{v_5, v_6, v_8\}$ とすると,A と B を分離するカットサイズは 2 以上なので,A と B は 2 辺連結であり,局所辺連結度は 2 である.

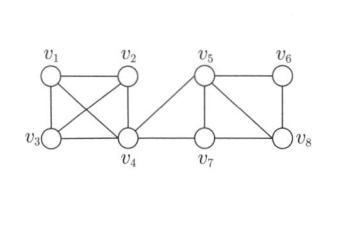

(a) グラフ G 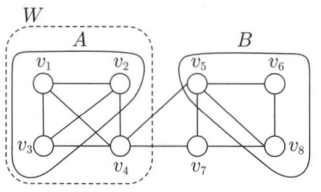   (b) G におけるカットの例

カット $E(W) = \{(v_4, v_5), (v_4, v_7)\}$
(カットサイズは 2)

図 1.15 カット,連結度

任意の $v, w \in V$ が k 辺連結であるとき,G は k 辺連結といい,k 辺連結であるような最大の k を G の**辺連結度**という.図 1.15(a) のグラフ G においては,辺連結度は 2 である.

カットサイズとフロー値の間には密接な関係がある.辺容量を全て 1 としたネットワークにおける始点 s から終点 t への最大のフロー値は,s と t を分離する全てのカットのうち最小のカットサイズに一致することがわかっている.これは**最大フロー・最小カットの定理**と呼ばれ,この定理により,最小サイズのカットは,最大フロー問題を解くことで見つけることができる.したがって,

辺連結度は，前項で紹介したFordとFulkersonによる最大フローアルゴリズムを用いて求めることができる．

故障に強い信頼性の高い情報通信ネットワークを設計する際には，その構造を表すグラフが，十分な大きさの辺連結度を持つことが必要である．また，辺連結度が大きいことは，故障に強いというだけでなく，負荷集中の抑制にもつながる．辺連結度が小さければ，サイズの小さいカットの辺集合に対応するリンク集合に通信が集中して混雑する可能性が高まる．辺連結度を上げれば，このようなボトルネックを緩和することができるからである．

二つの経路が共通の辺を持たないとき，それらを**辺素**といい，両端点を除いて共通の頂点を持たないとき，**内素**という．頂点 v,w を両端点に持つ互いに辺素な経路の本数は，v と w を分離する任意のカットのサイズを超えることはない．したがって，v と w の間の局所辺連結度以下である．しかし，じつは，常に局所辺連結度に一致する．これを**メンガーの定理**という．つまり，無向グラフ $G=(V,E)$ の異なる 2 頂点 $v,w \in V$ において，頂点 $v,w \in W$ を両端点に持つ互いに辺素な経路の本数の最大値は，v と w の間の局所辺連結度 $\lambda(v,w)$ に等しい．

情報通信ネットワークにおいて 2 頂点間の経路を複数本設定するとき，負荷分散させたほうがよい．どの 2 頂点間にも k 本の辺素な経路がとれるようにネットワークを設計することは，メンガーの定理より，k 辺連結グラフを構成することと同じであることが保証される．以上から，信頼性や負荷分散の観点から情報通信ネットワークを設計する際には，辺連結度の大きさに着目することが重要であることがわかる．

情報通信ネットワークの信頼性の観点から連結度が不足している場合は，それを解消するようなネットワーク設計が必要である．つまり，一定数の同時リンク故障に対しても情報通信ネットワークが分断されないように，リンクを付加することによって信頼性を向上させるネットワーク設計である．これは，与えられたグラフに辺を追加して得られるグラフの辺連結度が所望の値以上になるように，最小本数の辺を付加する頂点対を決定する最適化問題として定式化

できる．これは，辺付加による**辺連結度増大問題**として知られている．**図1.16**に辺付加によって辺連結度を増加させる例をあげる．図1.16(a) のグラフ G の辺連結度は，次数1の頂点もあるために1であるが，図1.16(b) に示すように太線で表される辺の追加によって辺連結度を2にすることができる．

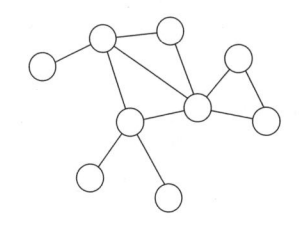

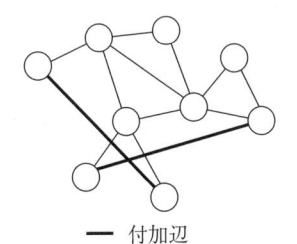

(a) グラフ G 　　(b) G への最小数の辺付加によって辺連結度を2としたグラフ

── 付加辺

図1.16 辺付加による辺連結度増大の例

辺付加による辺連結度増大問題に対しては多項式時間アルゴリズムが存在するのだが，信頼性の高いネットワーク設計の問題は一般にNP困難であることが多い．そのため，効率の良い近似アルゴリズムやヒューリスティックアルゴリズムを模索することが，ネットワーク設計において重要である．本シリーズ第2巻「情報ネットワークの数理と最適化—性能や信頼性を高めるためのデータ構造とアルゴリズム—」において，さまざまな最適化問題やアルゴリズムについて紹介するので，あわせて学んでほしい．

☕ スケールフリーネットワークの信頼性

スケールフリーネットワークにおいては，ランダムに頂点を削除しても非連結にはなりにくいが，次数の大きい頂点を削除すると非連結になりやすいという性質が，2000年，有名な論文誌 Nature に掲載され，衝撃を持って受け止められた．5%程度の個数の頂点がランダムに削除されたとしても，小さな連結成分（極大で連結な部分グラフ）に分断されることはなく，また全体の平均経路長はあまり変化しないが，次数の大きい上位5%の頂点が削除されると，多数の小さな連結成分に分断される傾向にあり，平均経路長は大きく増大するというものである．この結果より，スケールフリーネットワークであるインターネットは，高次数のノードへの選択的な攻撃・破壊に対して脆弱だと考えられた時期もあった．

高次数ノードの破壊に対して脆弱だということは，逆に守るべき箇所を教えてくれているものともいえる．つまり，スケールフリーネットワークにおいては，高次数のノードに対して耐震性強化・設備の多重化・監視強化などノードの「保護」を行っておけば，選択的攻撃に対しても高次数のノードが破壊されることがないため，ネットワークの分断を抑制できるというわけである．とはいえ，高次数のノードを保護ノードとするといった単純なアルゴリズムにより常にうまく保護できる保証はなく，ネットワークサービスプロバイダ管理下の情報通信ネットワークや鉄道網など，そもそもスケールフリー性を持たないネットワークではどうすればよいかわからない．

適切な保護ノード集合の決定は最適化問題として扱うことができる．実際，高々k個の任意の非保護ノードの破壊に対して，残ったネットワークの最小連結成分のサイズが指定された値以上となるように，最小数の保護ノードを決定するという最適化問題として定式化できる．これは NP 困難問題であることが知られているが，効率のよい近似アルゴリズムが設計されている．

じつは，スケールフリーネットワークであるからといって，選択的な攻撃に弱いとは限らない．次数分布だけで連結度などグラフ理論的な性質が決まってしまうわけではないからである．実際，本物の情報通信ネットワークは選択的攻撃にもそれなりに強いことがわかっている．ネットワークの設計や制御を考える際には，個別のネットワークが対象であるため，ざっくりとした一般論だけでそのネットワークの性質を論じることはたいへん危険である．対象とするネットワークの性質をきちんと調べ，個々に応じた設計・制御を考えることが重要である．

第2章
複雑系理論と情報ネットワーク

　カオスは，決定論的な非線形力学系が生み出す複雑現象である．自然界の複雑現象は実際，このような非線形な構造によるカオス現象であることがしばしばある．これまでの研究によって，カオスの基本的な性質やその定量化の方法などは十分に確立されてきている．例えば，カオスの軌道不安定性は，ほんのわずかな誤差を大きく拡大する**バタフライ効果**に由来することが知られている．カオスアトラクタの幾何学構造は，自己相似性を有していてフラクタル次元で定量化される．これらのカオスのさまざまな特徴を活用した，従来理論では達成できない性能改善やブレイクスルーの実現が期待され，**カオス工学**[1),2)]として制御，最適化，通信，暗号などへの応用が試みられている．情報ネットワーク分野においては，カオス同期現象を利用した秘匿通信，カオス符号の符号分割多重通信（CDMA）への応用[3)〜6)]などの研究がある．

　本章ではまず，カオス現象の基礎を概説する．その上で，カオスを用いた通信とその有効性並びに最適化への応用に関する研究事例を示す．これにより，情報ネットワーク科学の基礎の一つとしての非線形科学のイントロダクションとしたい．

2.1　複雑系とカオス

　まず，極めて簡単なカオスの事例を示す．以下の漸化式は，カオス現象を生み出す単純な1次元写像の典型例で，**ロジスティック写像**と呼ばれる．

$$x(t+1) = ax(t)(1-x(t)) \tag{2.1}$$

　ここで，a は0以上4以下の値のパラメータである．初期値 $x(0)$ は0と1の間の値とする．**図2.1**に a を4に設定したときの写像のグラフを示す．

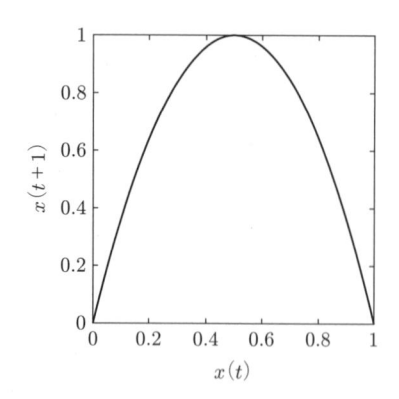

図 2.1 ロジスティック写像

a を 4 に設定したロジスティック写像で生成したカオス時系列を図 2.2 に示す．単純な決定論的な写像から複雑な時系列データが生じていることがわかる．これが，カオス現象の一例である．初期値 $x(0)$ を 0 と 1 の間で変化させても，ほとんど全ての初期値からこのようなカオス現象が生じる．ロジスティック写像は，とても簡単な漸化式なので，コンピュータなどで計算してこのような時系列が生じることを確認してほしい．

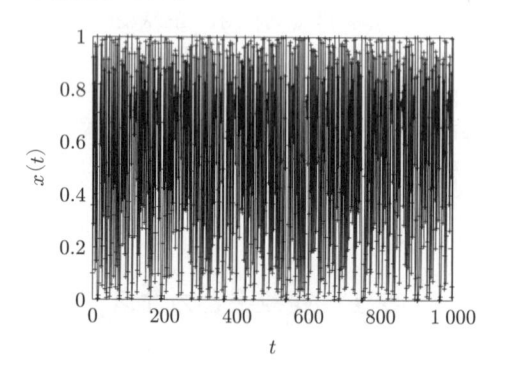

図 2.2 ロジスティック写像で生成した
カオス時系列 ($a = 4$)

（1） カオスの分岐構造　　図 2.2 はロジスティック写像の a を 4 に設定したときの時系列だが，a をほかの値に設定すると，図 2.3 に示すように，ロジスティック写像はさまざまな異なる時系列を生み出す．

図 2.3 に示す時系列データは，それぞれ一定の値または周期状態に収束してい

(a) $a = 1.5$

(b) $a = 3.25$

(c) $a = 3.5$

(d) $a = 3.55$

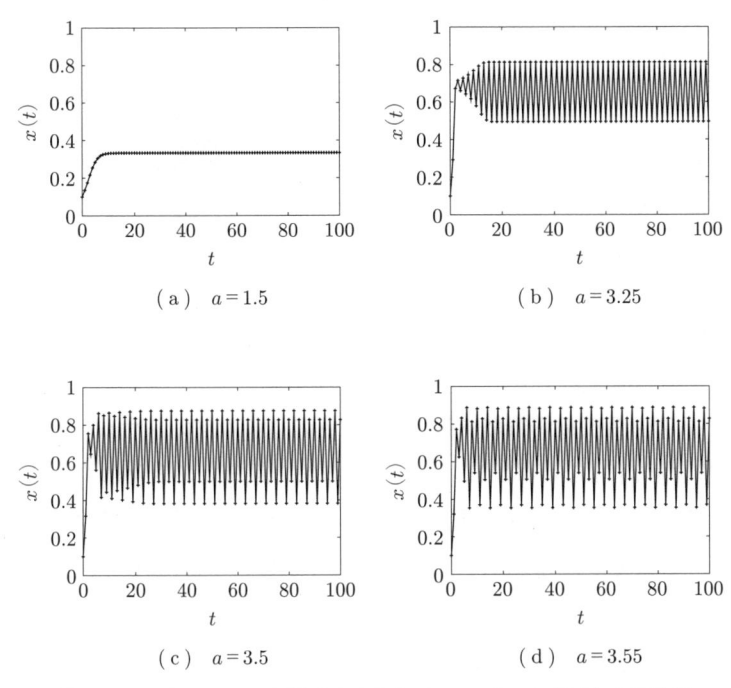

図 **2.3** ロジスティック写像が生み出すパラメータ a に依存した時系列

る. (a) $a = 1.5$ のときは,一定の値(不動点)に収束している. (b) $a = 3.25$ のときは,二つの異なる値を交互にとっている. (c) $a = 3.5$ のときは,四つの異なる値を同じ順番で周期的にとる. (d) $a = 3.55$ のときは,八つの異なる値を周期的にとる. 図 2.3 では,初期値 $x(0)$ を 0.1 に設定したが, 0 と 1 の間の値であればほとんど全ての初期値から始めても同じ不動点や周期解に収束する. このように,ロジスティック写像は,パラメータ a に応じて,さまざまな解を生成する.

この様子をより詳しく調べるために,横軸に a,縦軸に収束した状態での値をプロットすると,図 **2.4** の**分岐図**を得る. 周期解の領域では,周期の数に応じた線が見えるが,図 2.2 に示したようなカオスの部分ではさまざまな値をとるので,縦方向に多数の点が並んで黒く見える. 図 2.4 から, a の増大に伴い解が多様に分岐すること,カオス及びさまざまな周期解が存在することがわかる. カオス力学系はこのような複雑な**分岐構造**を持つ.

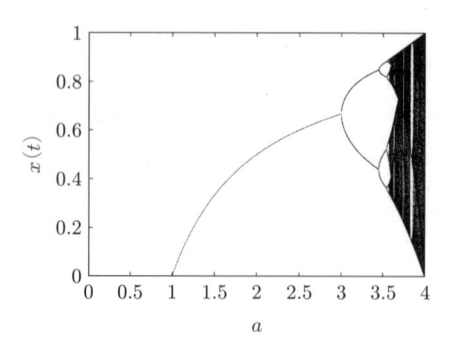

図 **2.4** ロジスティック写像の分岐図

(2) カオスの初期値鋭敏依存性　つぎに，このロジスティック写像を用いて，初期値 $x(0)$ をわずかに変えた場合の解の振舞いの変化について見てみる．パラメータ a をカオスが生成される 4 とする．このとき，初期値 $x(0)$ を 0.1 ちょうどに設定した時系列と，10^{-16} だけずらした 0.100 000 000 000 000 1 に設定した時系列を図 **2.5** に示す．このグラフから，序盤では図 (a), (b) はほぼ一致しているようにみえるが，徐々に差が大きくなっていき，最終的には全く異なる挙動を示すことがわかる．このように，カオスは初期値の小さな違いを拡大する特徴があり，これを**初期値鋭敏依存性**という．

図 **2.6** には，二つの時系列の差が拡大する様子を示す．初期値を 0.1, 0.3, 0.9 とした場合について，それぞれ初期値を $d = 10^{-16}$ だけずらした場合との差

(a) $x(0) = 0.1$　　　　　(b) $x(0) = 0.100\,000\,000\,000\,000\,1$

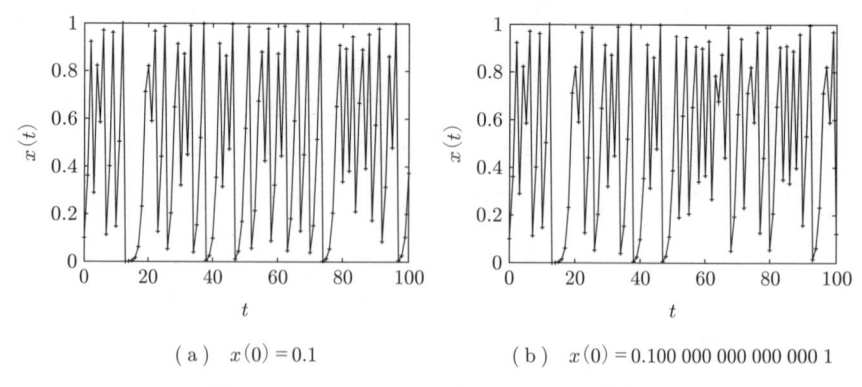

図 **2.5** ロジスティック写像の初期値鋭敏依存性

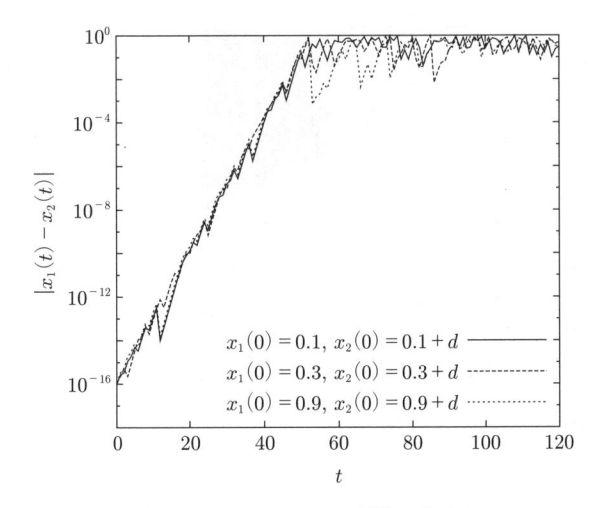

図 **2.6** ロジスティック写像における
誤差の指数関数的な拡大

を示している．縦軸は，二つの時系列の差の絶対値を対数軸で示しており，誤差が指数関数的に拡大することがわかる．

このような初期値に対する鋭敏な依存性は，カオス写像 $(x \mapsto f(x))$ の解軌道の不安定性によるものであり，**リアプノフ指数**と呼ばれる指数で定量化することができる．写像の中の各点での拡大率や縮小率は，その点での微分値で表されるので，リアプノフ指数は次式で定量化できる．

$$\lambda = \lim_{n \to \infty} \frac{1}{n} \sum_{t=1}^{n} \log_2 \left| \frac{df(x(t))}{dx} \right| \tag{2.2}$$

誤差が拡大するカオス状態では，リアプノフ指数 λ は正の値となる．

ロジスティック写像におけるパラメータ a に対するリアプノフ指数の変化を図 **2.7**(b) に示す．図 (a) の分岐図と見比べると，周期解の領域では負の値，カオス解の領域では正の値をとっていることが確認できる．このように，リアプノフ指数を用いるとカオス写像が生成する不安定な振舞いを定量化することができる．

（**3**）　**カオスの自己相似性**　　カオスアトラクタは，自己相似性と呼ばれる性質を持つことが知られている．ここでは，2 次元のエノン写像を用いて自己相似性を紹介する．エノン写像は

(a) 分岐図

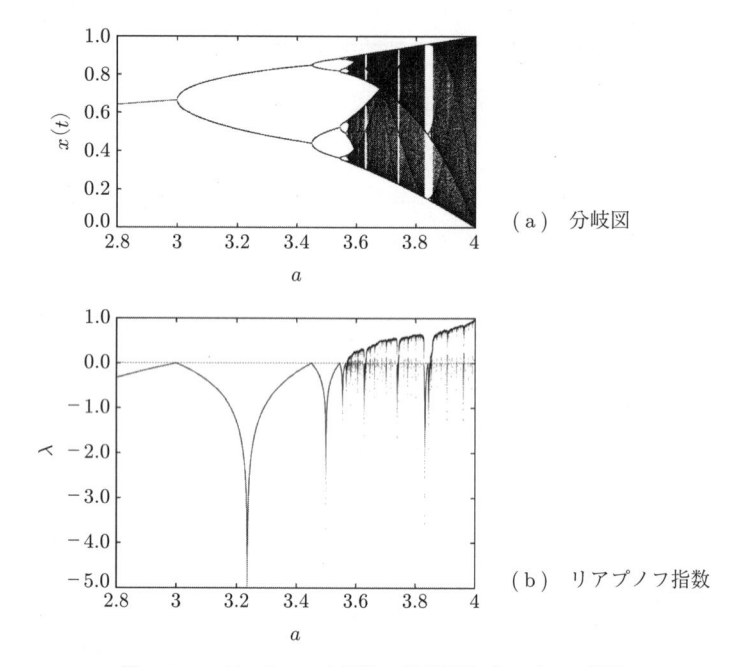

(b) リアプノフ指数

図 2.7　ロジスティック写像の分岐図とリアプノフ指数

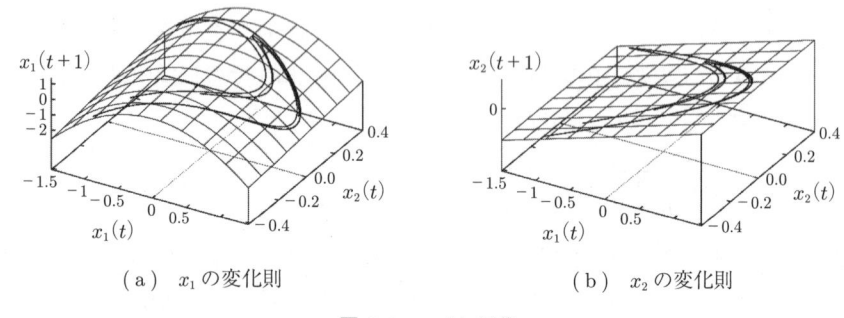

(a) x_1 の変化則　　　(b) x_2 の変化則

図 2.8　エノン写像

$$x_1(t+1) = x_2(t) + 1 - a\{x_1(t)\}^2 \tag{2.3}$$

$$x_2(t+1) = bx_1(t) \tag{2.4}$$

で与えられ，図 2.8 に示すような 2 次元の写像である．このエノン写像が生成する時系列の例を図 2.9 に示す．

(a) x_1 の時系列   (b) x_2 の時系列

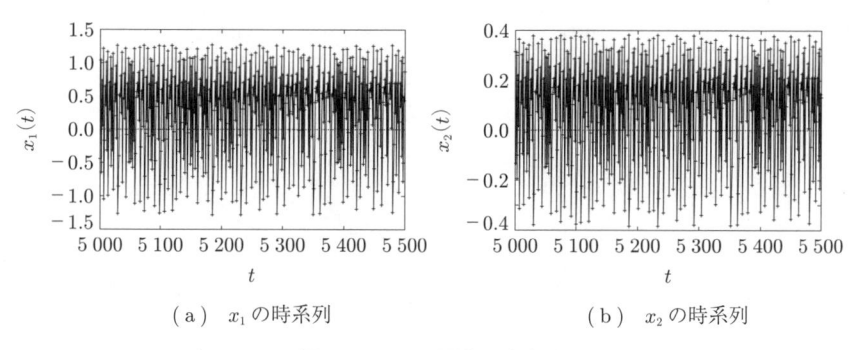

図 2.9　エノン写像の時系列

エノン写像から生成される 2 次元平面上での点 $(x_1(t), x_2(t))$ の軌道は，自己相似性を有することが知られている．図 2.10(b) は，エノン写像のアトラクタ（図 (a)）の解 $(x_1(t), x_2(t))$ の一部を拡大したものである．この図の一部を更に拡大したものが図 (c) である．この図の一部を再度拡大すると，また図 (d) に示すような同様の構造がみられ，これが無限に繰り返される．これを**自己相似性**という．このようにカオスアトラクタは自己相似性を有する．

（4）その他のカオス写像の例　カオスを生成する写像は，ほかにもさまざまな例がある．式 (2.5) は，**テント写像**と呼ばれており，図 2.11 に示すようなカオス解を生成する．

$$x(t+1) = \begin{cases} \dfrac{x(t)}{a} & (0 < x \leq a) \\ \dfrac{x(t)-1}{a-1} & (a < x \leq 1) \end{cases} \quad (2.5)$$

テント写像は，文献7) において離散化されて**暗号**に応用されている．暗号化したい平文を初期値，一定の反復回数後の値を暗号文，そしてパラメータ a を鍵としている．カオスの初期値鋭敏依存性を利用した応用例である．

文献8) で提案された**カオスニューロン写像**は，以下のような 1 次元写像で表される．

$$y(t+1) = ky(t) - \alpha x(t) + a \quad (2.6)$$

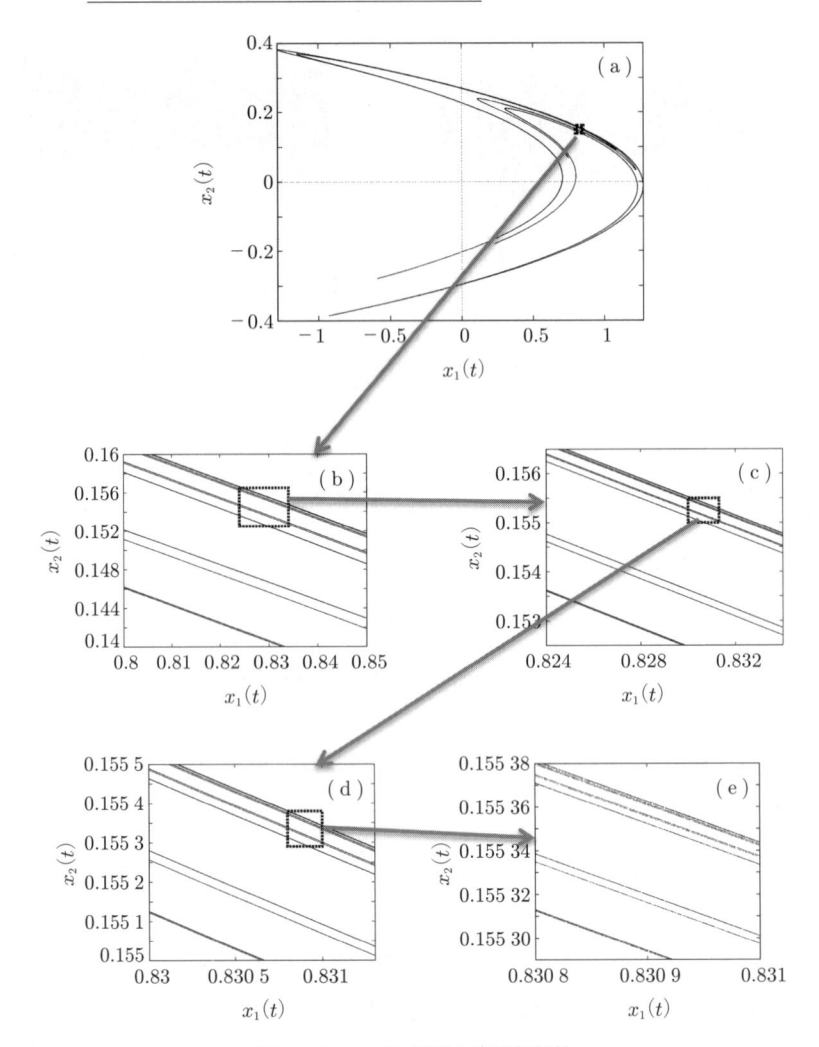

図 **2.10** エノン写像の自己相似性

$$出力 \quad x(t) = f(y(t)) = \frac{1}{1 + \exp\left(-\dfrac{y(t)}{\varepsilon}\right)} \tag{2.7}$$

例えば，パラメータを $k = 0.8$, $\alpha = 1$, $a = 0.35$, $\varepsilon = 0.02$ に設定すると，図 **2.12** のようなカオス解が得られる．

(a) 解軌道　　　　　　　　　　(b) 解の時間波形

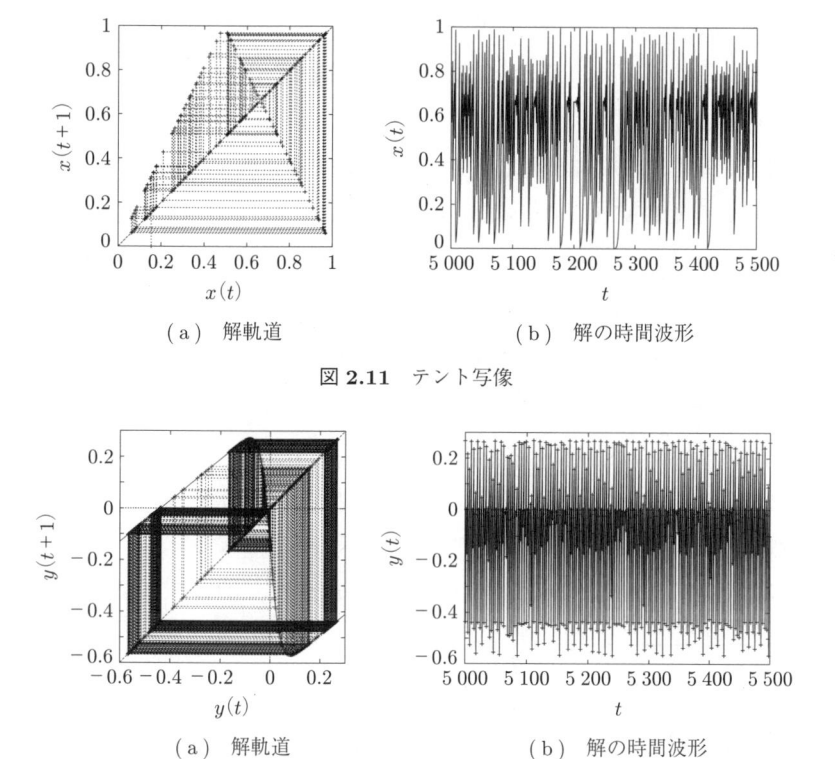

図 **2.11**　テント写像

(a) 解軌道　　　　　　　　　　(b) 解の時間波形

図 **2.12**　カオスニューロン写像とその時系列

カオスニューロン写像を互いに結合すると，**カオスニューラルネットワーク**を構成することができる．カオスニューラルネットワークは，連想記憶や組合せ最適化問題[9)～12)] などに応用されている．例えば，**組合せ最適化**においては，タブーサーチよりも有効な探索手法である**カオスタブーサーチ**の構築に応用されている[12)]．

このように，カオスにはさまざまな特徴があり，それらを応用する研究が進められている．また，ここで紹介したカオスは全て離散時間の系であったが，連続時間の非線形力学系からもカオスが生成される．ローレンツシステムやレスラーシステムなどは有名な連続時間カオスである．2.2節では，ここで紹介したような離散時間カオスに関して，情報通信への応用例を紹介する．

2.2 カオスと通信

カオスを通信に応用する研究として，同期現象を利用した秘匿通信，カオス符号を用いた **CDMA**（Code Division Multiple Access）などが進められている．ここでは，カオス写像によって生成したカオス符号を用いた CDMA の有効性について説明する．

（**1**）**カオスを用いた CDMA の研究**　　CDMA は，互いに相互相関が低い符号で送信するデータを拡散し，多重通信する方式である．図 **2.13** は，DS（Direct Sequence）/CDMA システムの一例で，送信データを拡散符号で拡散して送信する．受信側では，復号したいユーザの符号を用いて逆拡散し，データを復調する．低い相互相関を持つ符号をたくさん用意できれば，たくさんのユーザの通信を多重化できる．そのような有効な符号をカオス写像で生成する

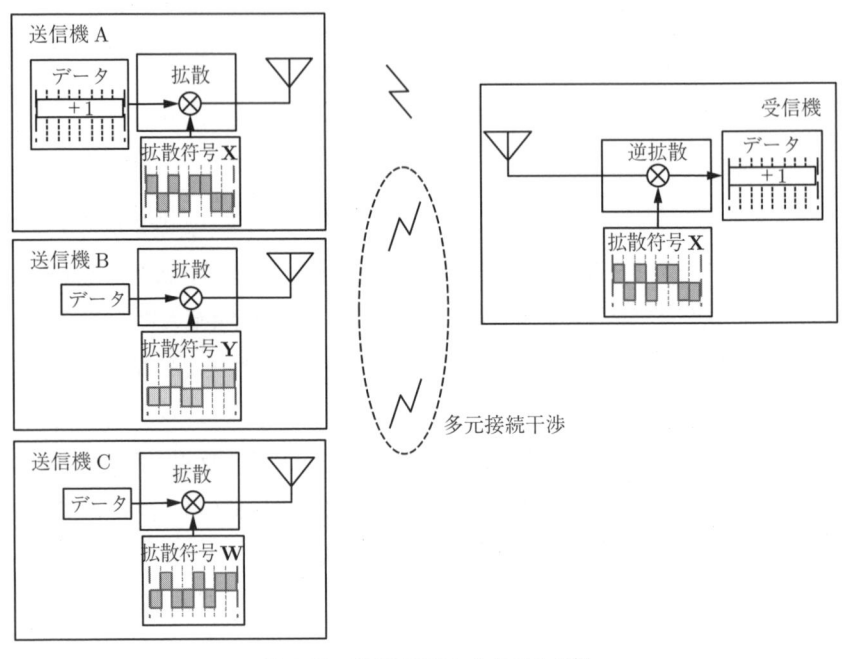

図 **2.13**　DS/CDMA システムの例

という研究が進められてきた．

文献4) では，CDMA に有効なカオス写像として，tailed shift 写像の有効性が示されている．そのような写像の例を図 2.14 に示す．

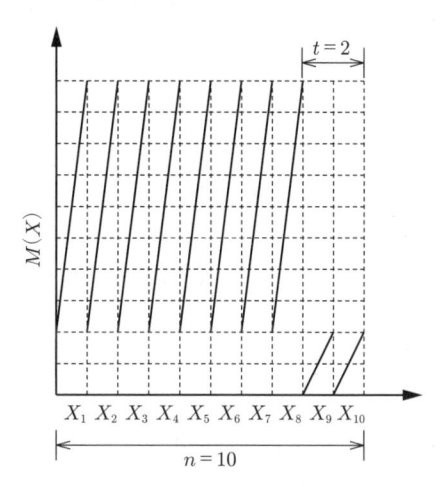

図 2.14 文献4) で用いられているカオス符号を生成する写像の例

このようなカオス符号が，どのようにして DS/CDMA において有効となっているのかが，文献6) において詳細に解析されている．チップ非同期 DS/CDMA において，二つの符号 **X** と **Y** を用いたときの時間方向のずれ（**チップ非同期**）の様子を図 2.15 に示す．l は時間ずれの整数部分，ε は小数部分である．この

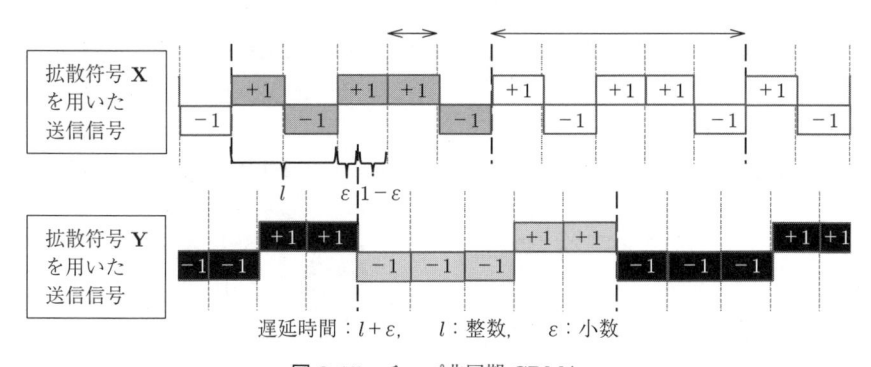

図 2.15 チップ非同期 CDMA

ようなチップ非同期 DS/CDMA においては，符号 $\mathbf{X}$ が符号 $\mathbf{Y}$ から受ける干渉は

$$I = (1-\varepsilon)R_N^{E/O}(l;\mathbf{X},\mathbf{Y}) + \varepsilon R_N^{E/O}(l+1;\mathbf{X},\mathbf{Y}) \tag{2.8}$$

と表現できる．ただし，上添え字 E/O は，偶または奇相互相関関数であり，それぞれ

$$R_N^E(l;\mathbf{X},\mathbf{Y}) = \sum_{n=0}^{N-l-1} X_n Y_{n+l} + \sum_{n=0}^{l-1} X_{n+N-l} Y_n \tag{2.9}$$

$$R_N^O(l;\mathbf{X},\mathbf{Y}) = \sum_{n=0}^{N-l-1} X_n Y_{n+l} - \sum_{n=0}^{l-1} X_{n+N-l} Y_n \tag{2.10}$$

と表される．また，X_n は拡散符号の n チップ目の値，N は拡散比であり，$0 \leqq n \leqq N-1$ である．

このような干渉 I を最小化する符号を分析するために，この干渉 I の平均の大きさの指標として，I^2/N の期待値を計算する．ε と $R_N^{E/O}(l;\mathbf{X},\mathbf{Y})$ は互いに独立であるので，以下のように計算できる．

$$\begin{aligned}
E\left[\frac{I^2}{N}\right] &= \frac{1}{N}E[I^2] \\
&= \frac{1}{N}E[(1-\varepsilon)^2]\, E\left[\left\{R_N^{E/O}(l;\mathbf{X},\mathbf{Y})\right\}^2\right] \\
&\quad + \frac{1}{N}E[\varepsilon^2]\, E\left[\left\{R_N^{E/O}(l+1;\mathbf{X},\mathbf{Y})\right\}^2\right] \\
&\quad + \frac{1}{N}E[2\varepsilon(1-\varepsilon)]\, E\left[R_N^{E/O}(l;\mathbf{X},\mathbf{Y})R^{E/O}(l+1;\mathbf{X},\mathbf{Y})\right]
\end{aligned} \tag{2.11}$$

ここで，$\mathbf{X}$ と $\mathbf{Y}$ の符号を，図 2.16 のようなマルコフ連鎖で生成すると仮定す

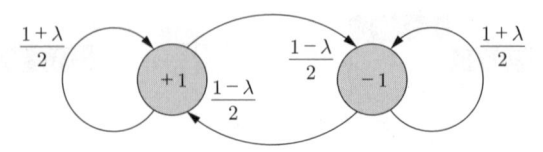

図 2.16 2 値符号のマルコフ連鎖モデル（$|\lambda|<1$）

2.2 カオスと通信

る. 以下, $E[X_n X_{n+l}] = \lambda^l$ となること, および, ε が $[0,1]$ の一様分布であることより, $E[\varepsilon] = 1/2$, $E[\varepsilon^2] = 1/3$ となることを利用して, 解析を進めよう.

まず, 式 (2.11) の第一項を計算する. $X_m X_n$ と $Y_{m-l} Y_{n-l}$ が互いに独立であることより

$$
\frac{1}{N} E[(1-\varepsilon)^2] \, E\left[\left\{R_N^{E/O}(l; \mathbf{X}, \mathbf{Y})\right\}^2\right]
$$

$$
= \frac{1}{N} E[(1-\varepsilon)^2]
$$

$$
\times E\left[\left\{\sum_{n=0}^{N-l-1} X_n Y_{n+l} \pm \sum_{n=0}^{l-1} X_{n+N-l} Y_n\right\}^2\right]
$$

$$
= \frac{1}{N} \left(E[1] + E[\varepsilon^2] - 2E[\varepsilon]\right)
$$

$$
\times E\left[\sum_{n=0}^{N-l-1} \sum_{m=0}^{N-l-1} X_n Y_{n+l} X_m Y_{m+l} \right.
$$

$$
\left. + \sum_{n=0}^{l-1} \sum_{m=0}^{l-1} X_{n+N-l} Y_n X_{m+N-l} Y_m\right]
$$

$$
= \frac{1}{3N} \left\{\sum_{n=0}^{N-l-1} \sum_{m=0}^{N-l-1} E[X_m X_n] E[Y_{m+l} Y_{n+l}] \right.
$$

$$
\left. + \sum_{n=0}^{l-1} \sum_{m=0}^{l-1} E[X_{n+N-l} X_{m+N-l}] E[Y_n Y_m]\right\}
$$

$$
= \frac{1}{3N} \left\{\sum_{n=0}^{N-l-1} \sum_{m=0}^{N-l-1} \lambda^{2|n-m|} + \sum_{n=0}^{l-1} \sum_{m=0}^{l-1} \lambda^{2|n-m|}\right\}
$$

$$
= \frac{1}{3N} \left\{N \frac{1+\lambda^2}{1-\lambda^2} + \frac{1+\lambda^2}{1-\lambda^2} + \frac{2\lambda^2}{(1-\lambda^2)^2}(2 - \lambda^{2(n-l)} - \lambda^{2(l+1)})\right\}
$$
(2.12)

となる. N が十分に大きいときは

$$
\lim_{N \to \infty} \frac{1}{N} E[(1-\varepsilon)^2] \, E\left[\left\{R_N^{E/O}(l; \mathbf{X}, \mathbf{Y})\right\}^2\right] = \frac{1}{3}\left(\frac{1+\lambda^2}{1-\lambda^2}\right) \quad (2.13)
$$

となり, λ のみに依存した関数になる. 第二項も同様に計算すると

44   2. 複雑系理論と情報ネットワーク

$$\frac{1}{N}E[(1-\varepsilon)^2]\, E\left[\left\{R_N^{E/O}(l+1;\mathbf{X},\mathbf{Y})\right\}^2\right]$$

$$=\frac{1}{N}E[(1-\varepsilon)^2]\, E\left[\left\{\sum_{n=0}^{N-l-2}X_nY_{n+l+1}\pm\sum_{n=0}^{l}X_{n+N-l+1}Y_n\right\}^2\right]$$

$$=\frac{1}{3N}\left\{\sum_{n=0}^{N-l-2}\sum_{m=0}^{N-l-2}\lambda^{2|n-m|}+\sum_{n=0}^{l}\sum_{m=0}^{l}\lambda^{2|n-m|}\right\}$$

$$=\frac{1}{3N}\left\{N\frac{1+\lambda^2}{1-\lambda^2}+\frac{1+\lambda^2}{1-\lambda^2}+\frac{2\lambda^2}{(1-\lambda^2)^2}(2-\lambda^{2(n-l)}-\lambda^{2(l+1)})\right\}$$
(2.14)

となり，N が十分に大きいときは，第一項と同様に

$$\lim_{N\to\infty}\frac{1}{N}E[(1-\varepsilon)^2]\, E\left[\left\{R_N^{E/O}(l+1;\mathbf{X},\mathbf{Y})\right\}^2\right]=\frac{1}{3}\left(\frac{1+\lambda^2}{1-\lambda^2}\right)$$
(2.15)

となる．第三項についても，X_mX_n と $Y_{n+l}Y_{m+l+1}$ が互いに独立であることより

$$\frac{1}{N}E[2\varepsilon(1-\varepsilon)]\, E\left[R_N^{E/O}(l;\mathbf{X},\mathbf{Y})R^{E/O}(l+1;\mathbf{X},\mathbf{Y})\right]$$

$$=\frac{1}{N}E[2\varepsilon(1-\varepsilon)]\, E\left[\left\{\sum_{n=0}^{N-l-1}X_nY_{n+l}\pm\sum_{n=0}^{l-1}X_{n+N-l}Y_n\right\}\right.$$

$$\left.\times\left\{\sum_{n=0}^{N-l-2}X_nY_{n+l+1}\pm\sum_{n=0}^{l}X_{n+N-l-1}Y_n\right\}\right]$$

$$=\frac{1}{N}\left\{2\left(E[\varepsilon]-E[\varepsilon^2]\right)\right\}\left\{\sum_{n=0}^{N-l-1}\sum_{m=0}^{N-l-2}E[X_nX_m]E[Y_{n+l}Y_{m+l+1}]\right.$$

$$\pm\sum_{n=0}^{N-l-1}\sum_{m=0}^{l}E[X_nX_{m+N-l-1}]E[Y_{n+l}Y_m]$$

$$\pm\sum_{n=0}^{l-1}\sum_{m=0}^{N-l-2}E[X_{n+N-l}X_m]E[Y_nY_{m+l+1}]$$

$$\left.+\sum_{n=0}^{l-1}\sum_{m=0}^{l}E[X_{n+N-l}X_{m+N-l-1}]E[Y_nY_m]\right\}$$

$$= \frac{1}{N}\left\{2\left(E[\varepsilon] - E[\varepsilon^2]\right)\right\}\left\{\sum_{n=0}^{N-l-1}\sum_{m=0}^{N-l-2}\lambda^{|n-m|}\lambda^{|n-m-1|}\right.$$
$$\left. + \sum_{n=0}^{l-1}\sum_{m=0}^{l}\lambda^{|n-m+1|}\lambda^{|n-m|}\right\} \quad (2.16)$$

となり，N が十分に大きいときには

$$\lim_{N\to\infty}\frac{1}{N}E[2\varepsilon(1-\varepsilon)]\,E\left[R_N^{E/O}(l;\mathbf{X},\mathbf{Y})R^{E/O}(l+1;\mathbf{X},\mathbf{Y})\right]$$
$$= \frac{1}{3}\frac{2\lambda}{1-\lambda^2} \quad (2.17)$$

となる．

式 (2.13), (2.15), (2.17) より，式 (2.11) の干渉の大きさの期待値 $E[I^2/N]$ は，N が十分に大きいとき

$$E\left[\frac{I^2}{N}\right] = \frac{2(1+\lambda+\lambda^2)}{3(1-\lambda^2)} \quad (2.18)$$

となる．図 **2.17** に λ を変化させたときの $E[I^2/N]$ の理論値を点線で示し，マルコフ連鎖モデルを用いた数値シミュレーションによる結果を + マークで示す．図 **2.17** より，λ が負値の領域に干渉の影響の最小値があることがわかる．$E[I^2/N]$ の理論値が最小になるのは，$\lambda = -2+\sqrt{3}$ のときである．すなわ

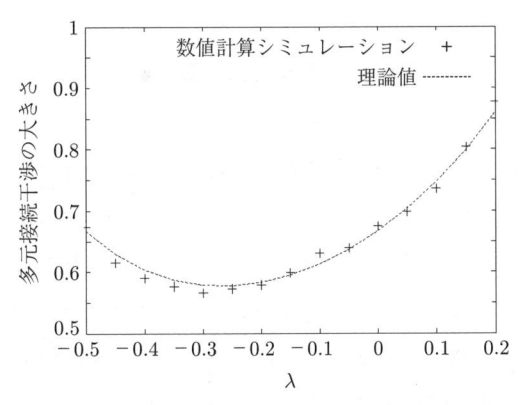

図 **2.17** マルコフ連鎖モデルの λ を変化させたときの多元接続干渉の大きさ

ち，CDMA における干渉は，λ が 0 となる無相関な符号では最小とならず，$\lambda = -2+\sqrt{3}$ の負の自己相関を持った符号によって最小化されることがわかる．

カオス写像を用いると，このようなマルコフ連鎖モデルに基づく符号を簡単に生成することができる．図 **2.18** に，マルコフ符号を生成するための**カルマン写像**を示す．λ に基づく遷移確率に合わせて各区間の幅を決めることにより，マルコフ連鎖の遷移確率に合わせたカオスを生成できる．このような**カオス符号**を用いることにより，CDMA の性能を向上できることが，理論的にも数値実験的にも示されている．

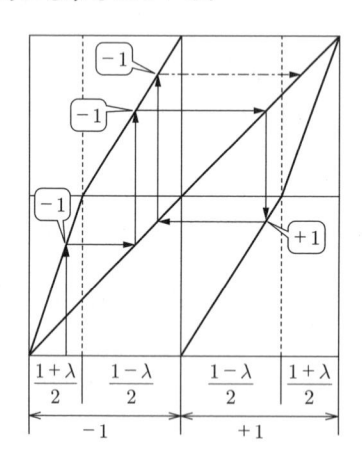

図 2.18 マルコフ符号を生成するためのカルマン写像

2.3　カオスと最適化

CDMA において，カオス写像により生成した符号が持つ負の自己相関が有効に働いていることを説明した．面白いことに同様のカオスが，組合せ最適化アルゴリズムにおける解探索にも有効であることが示されている．組合せ最適化問題の解探索においては，目的関数を単調に減少させるダイナミクスでは，ローカルミニマムで探索が停止し，良好な解を探索できない．そこで，このような探索解法に確率的なゆらぎやタブーサーチを導入することで，高い性能を持つ解探索が実現されてきた．カオスを用いた最適化とは，カオスによって状

態をゆらがせ，よりよい解を探索する手法である．

（1） カオスを用いた最適化の二つのアプローチ　カオスを用いた最適化手法は，大きく分けて二つのアプローチに分類できる．一つ目は**Hopfield-Tankニューラルネットワーク**[13]を用いた手法にカオスを導入するものであり，二つ目は 2–opt などのヒューリスティックな方法にカオスを導入するアルゴリズムである．

Hopfield-Tank ニューラルネットワークは，相互結合型のニューラルネットワークであり，状態を更新するとそのエネルギー関数が減少し，極小値に収束する．N 個のニューロンを相互結合したニューラルネットワークの状態 $x_{ik}(t)$ の変化則は

$$x_{ik}(t+1) = f\left[\sum_{j=1}^{N}\sum_{l=1}^{N} w_{ik,jl} x_{jl}(t) - \theta_{ik}\right] \quad (2.19)$$

となる．ただし，$w_{ik,jl}$ はニューロン (j,l) から (i,k) への結合重みであり，θ_{ik} はニューロン (i,k) の発火のしきい値である．またここでは，f は**ヘヴィサイド関数**（$y > 0$ のとき $f[y] = 1$, $y \leq 0$ のとき $f[y] = 0$）とする．このようなニューラルネットワークにおいて，相互結合を双方向に等しくし（すなわち，$w_{ik,jl} = w_{jl,ik}$），自己結合を 0 に設定して，ニューロンの状態を一つずつ非同期に更新する．すると，最終的にはニューロンの状態の変化が起こらなくなる．このようなニューラルネットワークでは，各ニューロンを式 (2.19) で非同期に更新する度に，エネルギー関数

$$\begin{aligned}E[\mathbf{x}(t)] = &-\frac{1}{2}\sum_{i=0}^{N-1}\sum_{j=0}^{N-1}\sum_{k=0}^{N-1}\sum_{l=0}^{N-1} w_{ik,jl} x_{ik}(t) x_{jl}(t) \\ &+ \sum_{i=0}^{N-1}\sum_{k=0}^{N-1} \theta_{ik} x_{ik}(t)\end{aligned} \quad (2.20)$$

が減少する．状態更新をしてもニューロンの出力が変化しなくなった状態が，このエネルギー関数の極小値に対応する．このようなエネルギー関数の自律的な最小化を利用すると，組合せ最適化問題における最小値の探索を行うことが

できる.しかし,このような最小値探索法では,最もよい解(グローバルミニマム)を探索することは難しく,ほとんどの場合はローカルミニマムの状態に収束してしまう.そこで,ニューロンの状態をゆらがせ,よりよい解の探索を行う.このゆらぎとして,カオスを用いることの有効性が示されている.文献9)では,各ニューロンをカオスニューロンに置き換える手法が提案されており,ランダムニューロンよりも有効であることが示されている.文献10)では,各ニューロンにカオスノイズを加えた場合には,ランダムノイズを加えた場合よりも,性能が向上することが示されている.

もう一つのカオス最適化アプローチ[11),12)]は,大規模探索可能なヒューリスティック解法をカオスダイナミクスによってゆらがせるものである.巡回セールスマン問題や2次割り当て問題の解法が提案されており,特に文献12)で提案されている手法は,タブーサーチをカオスニューロンで実現することによって,非常に高い性能を持つことが示されている.

(2)カオスノイズの有効性 ここでは,カオスノイズを加える手法の有効性について,少し詳細に説明する.Hopfield-Tank ニューラルネットワークの各ニューロンにノイズを加えた場合の状態更新式は

$$x_{ik}(t+1) = f\left[\sum_{j=1}^{N}\sum_{l=1}^{N} w_{ik,jl}x_{jl}(t) - \theta_{ik} + \beta z_{ik}(t)\right] \quad (2.21)$$

と書くことができる.ただし,$z_{ik}(t)$ は時刻 t にニューロン (i,k) に加えるノイズ,β は加えるノイズの振幅パラメータである.ノイズ系列 $z_{ik}(t)$ として,カオスノイズと白色ガウスノイズを用いたときの性能比較を,図 **2.19** に示す.カオスノイズとしては,**ロジスティック写像**のパラメータ a の値を 3.82, 3.92, 4 として用いた場合,及び,チェビシェフ写像を用いた場合の結果を示している.どのノイズも平均を 0,標準偏差を 1 に正規化して $z_{ik}(t)$ として用いる.ここでは,**巡回セールスマン問題(TSP)** と **2次割り当て問題(QAP)** に適用したときの結果を示す.おのおのの問題を解くために,$w_{ik,jl}$ 及び θ_{ik} を設定する[14)].性能は正解率で定量化して比較する.

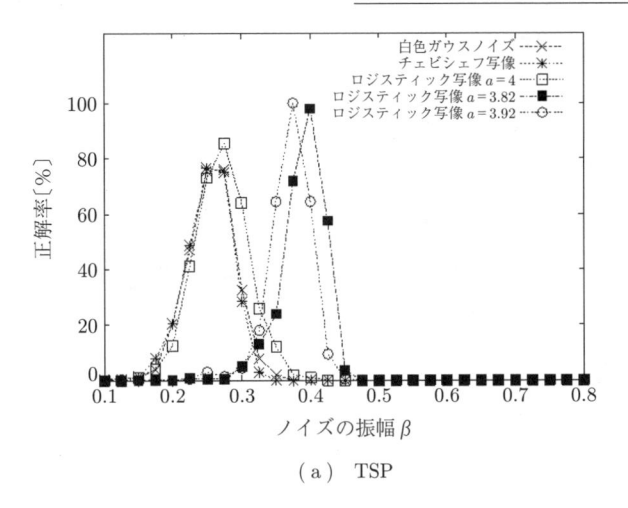

図 **2.19** 最適化におけるカオスノイズと白色ノイズの比較

図 2.19 より，ロジスティック写像のパラメータ a が 3.82 と 3.92 のときに，性能が向上していることがわかる．特に，図 (b) の QAP の場合に，性能差が大きい．図 **2.20** に，これらのノイズ系列の自己相関関数を示す．パラメータ a が 3.82 と 3.92 の高い最適化能力を実現するロジスティック写像は，CDMA で有効であった符号と同様に，負の自己相関を持っている．ほかは，ランダムもカオスもほぼ白色なノイズである．一般的には，探索アルゴリズムに加える

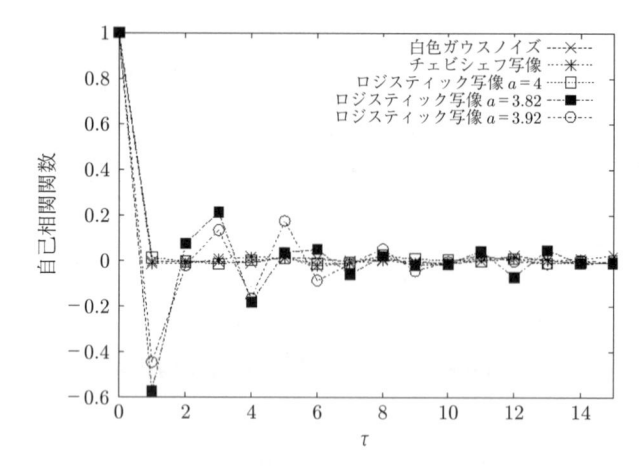

図 **2.20** 探索に有効なカオスノイズの自己相関と白色ガウスノイズの比較

ノイズとしては白色ノイズが用いられているが，白色ノイズよりも，負の自己相関を持つカオスノイズのほうが有効であることがわかる．

式 (2.11)〜(2.17) における I は非同期な相互相関であり，これを最小化する符号は負の自己相関を持つ．ニューラルネットワークによる解探索においても，各ニューロンの出力 x_i の間に低い相互相関を持たせることが重要である．図 **2.21** に示すように，x_i 間の相互相関が高い場合には，直線上の探索に近くなってしまうが，x_i 間の相互相関を低くすることで，理想的な広い範囲の探索が可

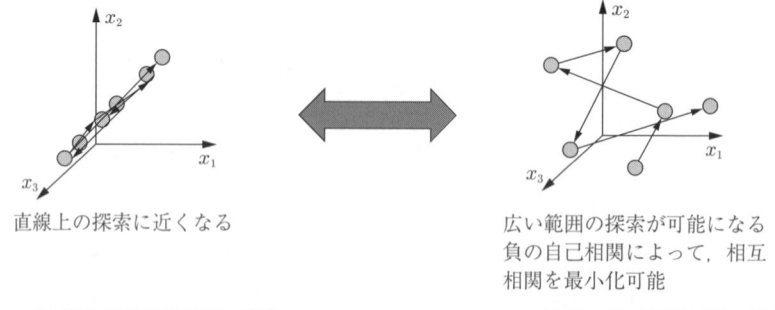

(a) $x_i(t)$ 間の相互相関が高い場合

直線上の探索に近くなる

(b) $x_i(t)$ 間の相互相関が低い場合

広い範囲の探索が可能になる
負の自己相関によって，相互相関を最小化可能

図 **2.21** 探索における負の自己相関の有効性

能になる．この相互相関の最小化は，非同期更新による探索アルゴリズムであれば，式 (2.11)～(2.17) で示したように，負の自己相関を各 x_i に持たせることによって実現できる．これが，ロジスティック写像のパラメータ a が 3.82 と 3.92 のときに性能が向上している理由と考えることができる．

ここでは，カオスをノイズとして付加した探索法について述べたが，カオスダイナミクスを用いたほかの探索法[9), 11), 12)] では，カオスの自己相似性や軌道不安定性も有効に働いていると考えられている．リアプノフ指数が 0 に近い複雑なカオスダイナミクスが有効であるという結果も示されている．文献12) では，カオスニューロンの不応性を利用してタブーサーチにカオスゆらぎを加え，大規模問題への適用を可能にしている．更に，文献11) の手法を回路実装することにより，非常に高速な演算が可能になることも示されている．

🌀 カオスデザイン

　カオスを生成するさまざまな方程式は，不思議な形状を作り出す．図1は，3次元の連続時間非線形力学系から生成したカオスの例として，**ローレンツシステム及びレスラーシステム**の**アトラクタ**を示す．このように，カオスの不安定な軌道は，さまざまな複雑で美しい形状を作る．

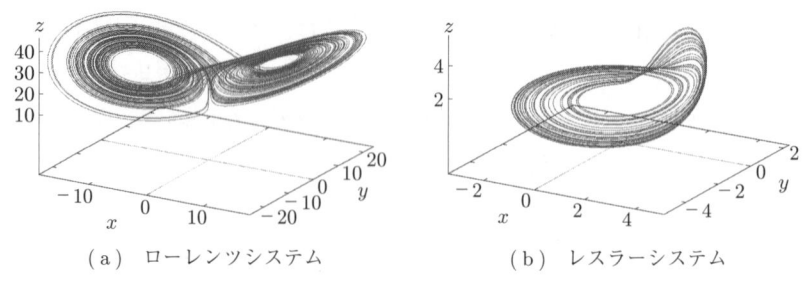

　　　（a）ローレンツシステム　　　　　（b）レスラーシステム
　　　　　図1　3次元連続時間力学系のカオスアトラクタの例

　このようなカオス力学系の複雑な振舞いや分岐現象が「デザイン」に応用されている．巻末の引用・参考文献16) に示した URL には，木本圭子氏がカオスを用いて製作した静止画や動画が掲載されている．連携動作するカオスアトラクタの振舞いが非常に興味深いアニメーションを作り出している．図2は，合原，木本氏，松居エリ氏との共同作品で，ロジスティック写像の分岐図を用いてデザインしたドレスである．この「**分岐図ドレス**」は，東京コレクションというファッションショーでも話題となった．

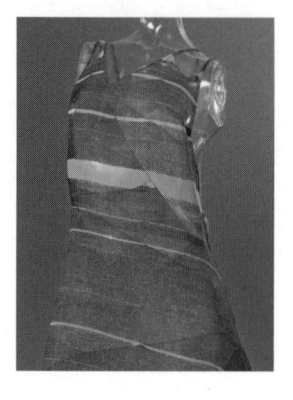

　　　　　　　　　　　　　　　　　図2　ロジスティック写像の分岐
　　　　　　　　　　　　　　　　　　　　図でデザインされたドレス

第3章
プロトコル設計と数理基礎理論

　無線通信では通信に関わる送信者，受信者が前もって決められた手順に従って動作することにより円滑な通信を実現する．この通信手順をプロトコルという．現在，多くの通信形態において，階層（レイヤ）ごとにプロトコルが規定されている．プロトコルは我々が所望する通信を実現する手段であり，その設計によりネットワークの全体のダイナミクスは大きく変化し，通信の諸特性も変わってくる．

　MAC（Medium Access Control）プロトコルは，複数の端末が伝送媒体にアクセスするための手法である．MAC層はデータリンク層の副層として定義されており，隣接端末との通信を実現する．無線通信におけるMACプロトコルは集中制御と自律分散制御に大別されるが，本章では後者に焦点を当て，その設計ポリシーおよび数理モデルの導出法について解説する．

3.1　CSMA/CA の動作解析

　中央制御局を持たず個々の端末が自身の判断のもとチャネルにアクセスするネットワークを自律分散ネットワークという．自律分散ネットワークにおいて，各端末が自身の幸せのみを追求したければ，なるべく多くのフレームをすばやく送信すべく，フレームを所持したらすぐに送信することになる．しかし全ての端末が自己主張を強くし，遠慮なく送信を開始すれば衝突が増え，結果的に全員が不幸になることは明白である．つまり，自律分散ネットワークでは各端末にある程度の「遠慮」が必要となる．一方，過度に送信を遠慮しあうと，通信可能状態にも関わらずどの端末も通信を行わない時間が多く発生する．この場合，衝突は回避することができるが，ネットワークのスループットが低下し，送

信遅延も大きくなる．つまり，積極性を持ちつつ衝突を回避できるようなチャネルアクセス手法が望ましい．

この「いい塩梅」なネットワークダイナミクスは，チャネルアクセスのルール，つまり MAC プロトコルを規定し，ネットワークの全ての端末をプロトコルに従って動作させることにより実現される．このように，設計ポリシーに従ったネットワークの挙動を実現させるための手段がプロトコル設計である．ここで，MAC プロトコルは各端末の動作を記述するにすぎないことに注意したい．つまり，ネットワークの局所的な動作の記述により所望のネットワークダイナミクスの実現を志向しなくてはならない点にサイエンスの立場からの面白さが内在する．

本章では MAC プロトコルの一つである **CSMA/CA** (Carrier Sense Multiple Access with Collision Avoidance) の動作について説明する．CSMA/CA は **IEEE 802.11 DCF** (Distributed Coordination Function) にも採用されている[1),2)]．自律分散制御として最も広く適用されている MAC プロトコルである．CSMA とは，通信の開始前にチャネルの状態をチェックし（このことをキャリアセンスという），チャネルが使用されていないことが確認されたら通信を開始することで衝突を避ける多重アクセス方式である．CSMA には **CSMA/CD** (CSMA with Collision Detection) と CSMA/CA という方式があり，これら二つはほぼ同様の動作をする．違いは衝突が発生した時にそれを検知しすぐに送信を中止する（CSMA/CD）か，検知できずにフレームを最後まで送信し続ける（CSMA/CA）かにある．

3.1.1　CSMA/CA の基本動作

CSMA/CA の動作を理解するために，つぎの用語を定義する．

BT（Backoff Timer）：送信開始までに待機するスロット数

DIFS（DCF Inter Frame Space）：優先権の低い送信信号の間隔

SIFS（Short Inter Frame Space）：優先権の高い送信信号の間隔

CW（Contention Window）：BT の初期値を決めるために必要なパラメータ

CW_{min}, CW_{max}：CW の最小値と最大値

（1） 送信端末の動作　　図 **3.1** に CSMA/CA の動作例を示す．この図では端末 1 と 2 がアクセスポイント（Access Point：AP）にフレームを送信する際の動作例を示している．初期状態（フレームをもたず何もしていない状態）において，端末 1 と 2 に同時に送信フレームが発生したとする．まず端末に送信フレームが発生したら，DIFS 期間待ちキャリアセンスを行う．キャリアセンス期間の間にチャネルがビジー（busy）状態にならなければ，バックオフタイマ（BT）をセットする．バックオフタイマは $[1, CW_{min}]$ の中からランダムに決定される．

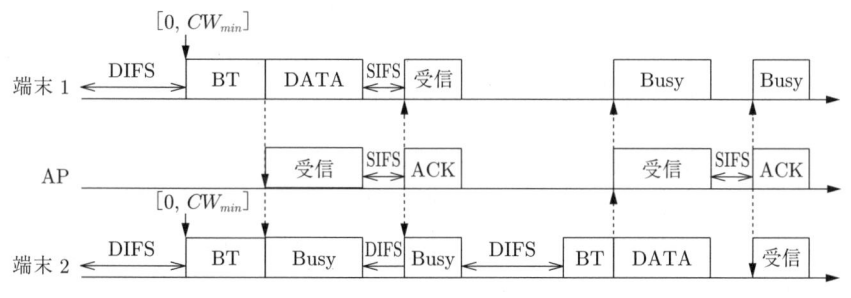

図 3.1　CSMA/CA の動作例

端末はチャネルがアイドル（idle）であれば，スロットタイムごとにバックオフタイマを 1 ずつ減らしていく．バックオフタイマを減らしている途中にチャネルがビジー状態になった場合はバックオフタイマのカウントダウンを中止し，再びチャネルが DIFS 期間アイドルであることを確認したときバックオフタイマの削減を再開する．

図 3.1 においてバックオフタイマが 0 になった端末 1 は DATA フレームの送信を開始し，端末 2 はキャリアセンスによりそれを検知する．フレームのデータ長は**物理層**での変調方式およびデータのカテゴリによって可変となる．データは通常 VI（ビデオ），VO（音声），BE（ベストエフォート），BK（バックグラウンド）に分類される．無線通信ではデータの衝突を検知することはできないため，フレームを送りはじめたら，送りきるまで送信を続ける．そしてフ

レームを送信し終わったあと，受信端末から **ACK** フレームが送られてくるのを待つ．

（2） 受信端末の動作　図 3.1 において，DATA フレームの MAC ヘッダに宛先端末として記述されているアクセスポイントは受信モードに入る．受信端末は DATA フレームを受信し終えた後，SIFS 期間待ったのち ACK フレームを送信端末に返す．端末 1 が DATA フレームを送信し終えることは，端末 2 にとってキャリアセンスを終えることを意味する．したがって，端末 2 は DIFS 期間待ってバックオフタイマのカウントダウンを再開しようとする．しかし，SIFS 期間は DIFS 期間より短く設定されているため，アクセスポイントが ACK フレームを返す前に端末 2 が DATA フレームを送信し始めることはない．アクセスポイントは ACK フレームの送信を終えた時点で受信モードから解放され，もとの状態（初期状態または送信モード）に戻る．

（3） DATA フレーム送信の成功と失敗　送信端末は受信端末から ACK フレームの受信に成功した場合，DATA フレームの送信が成功したと判断する．フレームの送信が成功した場合，送信端末は再び初期状態に戻る．**図 3.2** に端末 1 と端末 2 のフレームが衝突したときの動作を示す．この例では，端末 1 と 2 のバックオフタイマが同時に 0 になることにより，端末 1, 2 から送信される DATA フレームがアクセスポイントにおいて衝突している．この場合，アクセスポイントは ACK フレームを返信しない．したがって，端末 1, 2 は共に DATA フレーム送信後 DIFS 時間待っても ACK フレームを受信できないた

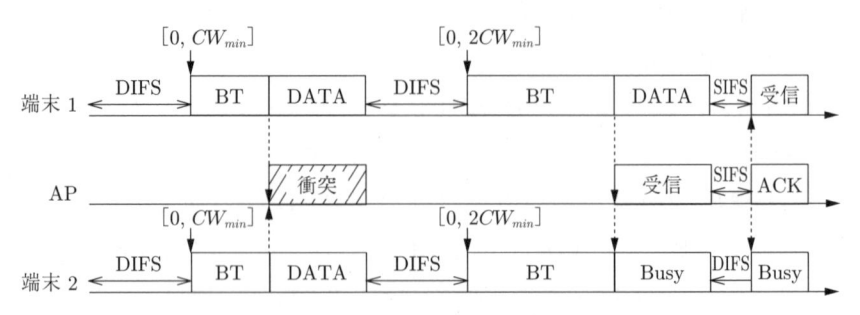

図 3.2　同時送信による衝突例

め，ACK フレームは届かないと判断する．ACK フレームを受信できなかった場合，DATA フレームの送信に失敗したと判断し，ただちに DATA フレームの再送を試みる．

（4） DATA フレームの再送 図 3.2 に示すように，DATA フレームを再送するときは，CW を 2 倍してからバックオフタイマを設定する．つまり，k 回続けて送信を失敗したときの CW の値は

$$CW_k = \begin{cases} CW_{min} & (k=0) \\ 2(CW_{k-1}+1)-1 & (k=1,2,\cdots,m') \\ CW_{max} & (k=m'+1,\cdots,m) \end{cases} \quad (3.1)$$

となる．ここで，k は CW が CW_{max} に達するまでの送信失敗の回数でありバックオフステージ数という．DATA フレームの送信失敗が m' 回繰り返され，CW が CW_{max} に達した後は送信失敗が続いても CW の値はそれ以上増加させない．そして m 回送信を試みても送信が成功しない場合はフレームは破棄され初期状態に戻る．

ここで CW を増加させる意味を考える．MAC 層における DATA フレーム送信の失敗は，自端末の周辺に DATA フレームを送信したい端末がいることを示唆している．このとき，送信を失敗した端末が CW を 2 倍とし，互いに送信を遠慮することで，つぎの送信において再び衝突が発生する確率を下げることができる．逆に CW が小さいことは送信に対する積極性が高いことを意味しており，CW の大きさにより送信頻度の「塩梅」を表現することができる．

3.1.2 フレーム衝突の発生要因

CSMA/CA ではキャリアセンス中はフレームの送信を控えることによりフレームの衝突を回避する．しかしながら，フレームの衝突を完全に回避することはできない．CSMA/CA における衝突として，つぎの衝突があげられる．

1. 図 3.2 のように，複数の端末のバックオフタイマが同時に 0 になる場合，互いの送信をキャリアセンスすることはできないため衝突が発生する．

これを同時送信による衝突という．端末数が増加するほど**同時送信**によるフレーム衝突確率は高くなり性能劣化につながる．

2. 図**3.3**を考える．いま端末1がアクセスポイントにDATAフレームを送信している．このときアクセスポイントの反対側には端末1の送信状態を検知できない領域があり，そこに端末2がいる．端末2は端末1の送信を検知できないため，DATAフレームの送信を開始する．このときアクセスポイントにおいて衝突が発生する．端末1と2はキャリアセンスできないという意味で互いに隠れて見えない状態にあり，隠れ端末の関係にあるという．そして図3.3の衝突を**隠れ端末問題**という．

　　　　　(a) 隠れ端末の関係　　　　　　　(b) 隠れ端末による衝突例

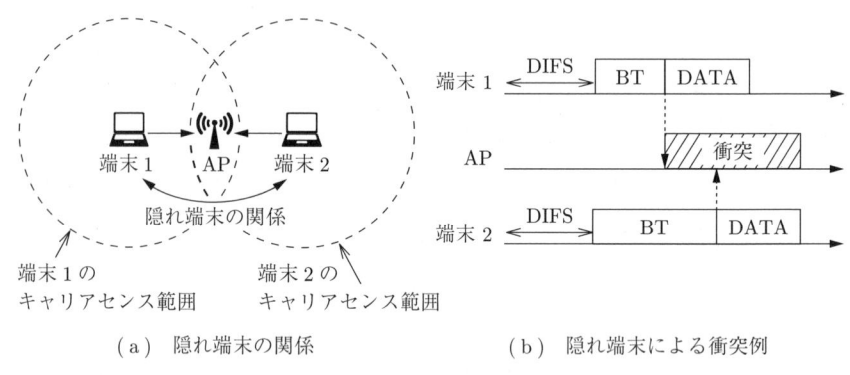

図**3.3**　隠れ端末問題

同時送信，隠れ端末問題どちらの衝突もCSMA/CAにおいて完全に防ぐことはできない．一方で，その発生を抑制するためのさまざまな手法が検討されている．

隠れ端末に起因する衝突を緩和する代表的な手法としてRTS（Request-To-Send）フレーム，CTS（Clear-To-Send）フレームの交換を用いるプロトコルがあげられる．図**3.4**に**RTS/CTS**を用いたチャネルアクセス手順を示す．端末1はDATAフレームを送信する前にRTSフレームを送信する．そしてRTSフレームを受信したアクセスポイントはCTSフレームを端末1に返す．CTSはアクセスポイントの送信範囲全体に届く．したがって，端末1にとって隠れ

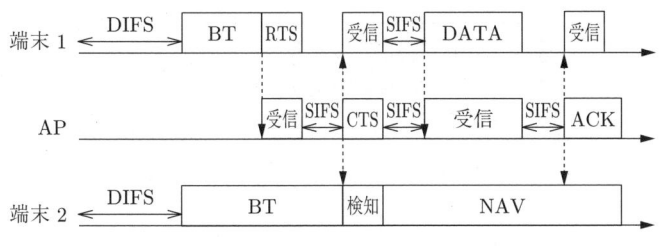

図 3.4 RTS/CTS を用いたチャネルアクセス手順

端末である端末 2 も，端末 1 がアクセスポイントと通信状態にあることを把握することができる．CTS を受信した端末 1 は DATA フレームを送信する．更に RTS，CTS フレームを受信した端末 1 以外の端末は，図 3.4 の端末 2 のように **NAV**（Network Allocation Vector）を設定して通信を控えることにより，端末 1 とアクセスポイントは安全に通信することができる．

隠れ端末によるフレーム衝突は図 3.3 のように，端末 1 がフレーム送信中に隠れ端末 2 がフレーム送信を開始することにより生じることを考えると，端末 1 のフレーム送信時間が短いほど隠れ端末からの衝突を回避できる．したがって，RTS フレームが DATA フレームより十分短い場合，RTS フレームが隠れ端末からのフレームと衝突する確率は DATA フレームと比較して十分に低いといえる．RTS/CTS の交換が成功すれば DATA フレームは安全に送信できるため，RTS/CTS のやりとりを DATA フレーム送信の前段階に入れることにより，隠れ端末問題によるフレーム衝突を効果的に削減できる．更に，もし隠れ端末に起因する衝突が起きた場合，RTS/CTS を用いないと DATA フレームの送信が終わるまでつぎの動作に移行することができない．DATA フレーム長が長くなるほど，この無駄な時間が増大する．これに対し，RTS/CTS を用いた場合には RTS を送信し終えればつぎの動作に移れるため，衝突の影響を短時間に抑えることができる．一方で，RTS/CTS の交換は直接 DATA フレームを送信する手法と比較してオーバーヘッドが増加する．DATA フレーム長が短い場合，隠れ端末に起因するフレーム衝突確率が低くなるため，オーバーヘッドの増加が顕在化する．

図 **3.5** に 100 m × 100 m の正方形状の領域の中央に AP が存在し，送信範囲

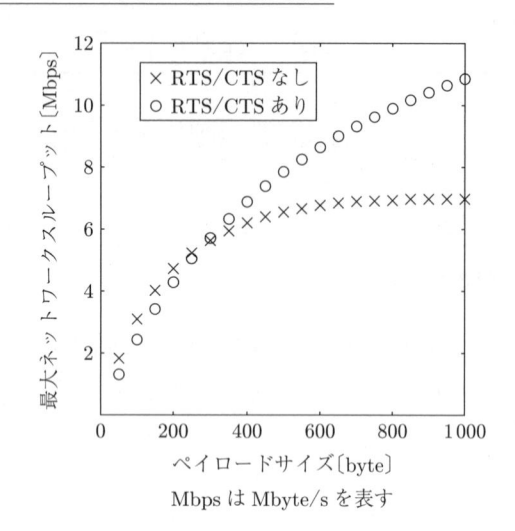

図 3.5 隠れ端末の存在する LAN におけるペイロード
サイズに対する最大ネットワークスループット

70 m の端末がランダムに 20 台分布しているときの，ペイロードサイズに対する最大ネットワークスループットの関係を示す．ペイロードサイズが小さい場合，RTS/CTS の交換によるオーバーヘッド増加の影響が大きく，RTS/CTS を用いないほうがスループットは高い．一方，ペイロードサイズが大きくなると，隠れ端末に起因する衝突の緩和効果が高くなり，RTS/CTS を用いたほうがスループットが高くなる．IEEE 802.11 では RTS/CTS はオプションとして規定されており[1]，オーバーヘッドの増加と隠れ端末に起因するフレーム衝突確率の緩和との間のトレードオフの関係を考慮し，その適用を検討する必要がある．

3.2 マルチホップネットワークへの拡張

図 3.3(a) のネットワークは各端末が宛先端末であるアクセスポイントと直接通信する，シングルホップネットワークトポロジーとみなすことができる．一方，宛先端末まで複数の端末を経由してデータを送信するシステムをマルチホップネットワークという．センサネットワーク，D2D (Device to Device)，車

3.2 マルチホップネットワークへの拡張

車間通信[3]にはマルチホップ通信の適用が想定される．図 **3.6** にマルチホップネットワークの基本トポロジーである直線状ネットワークを示す．図 3.6(b) のように，各端末を車とみなしそれらが直線道路に並んでいる状態を想定するとイメージしやすい．本章では，図 3.6 に示すような直線状ネットワークに IEEE 802.11 に基づく CSMA/CA を適用したときのスループット特性及び遅延特性の数理モデルを構築する．シンプルなネットワーク構造でありながら，このモデル化はそれほど簡単ではない．自律動作を呈する各端末の相互作用がネットワークダイナミクスを生み出す最も単純なネットワークトポロジーであるといえるが，それでも挑戦的な問題を多く含む．

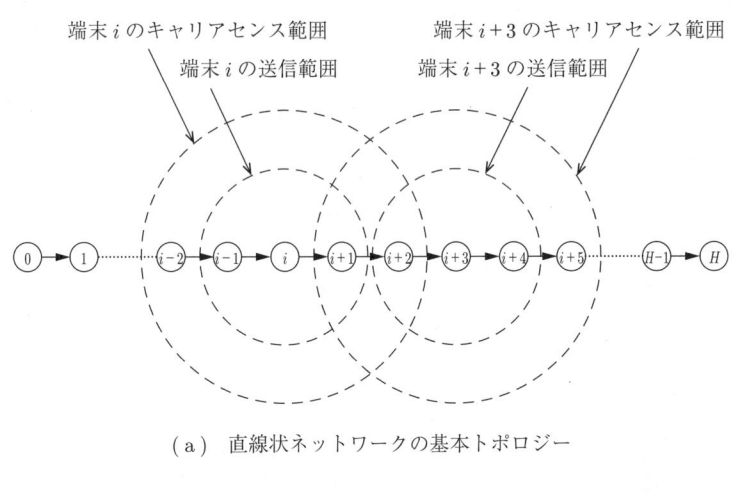

(a) 直線状ネットワークの基本トポロジー

(b) 車車間通信の例

図 **3.6** 直線状マルチホップネットワークのトポロジー

3.2.1 マルチホップネットワークの数理モデル

図 3.7 は本章で進める解析の流れを示している．図 3.7 に示されるように，個の動作を MAC 層の動作として記述し，その上にネットワーク層の動作を記述し，この動作を関連付けさせる「ボトムアップ的解析手法」を適用する．本章で示す解析の特徴は，端末の状態を「送信」，「キャリアセンス」，「チャネルアイドル」の三つの状態に区分し，それぞれの状態の占有時間の割合である「エアタイム」[4)~6)] を端末ごとに定義する点にある．ここで，エアタイムとはそれぞれの状態の時間占有率を示す．その上で，エアタイムを用いて各端末におけるフレーム衝突確率，フレーム保持確率，送信確率などの MAC 層の特性をモデル化する．つまり，フレーム衝突確率，フレーム保持確率，送信確率を各端末の送信エアタイムの関数で表現する点に工夫がある．これにより，MAC 層の動作および特性は送信エアタイムを求める問題に帰着する．ここで，送信エアタイムを導出するために，個々の端末の MAC 層での動作を「フロー」を通じて関連付ける．具体的にはフロー制限[5)] と呼ばれる関係式を導入することによりこの問題を解決し，エアタイムを決定する．

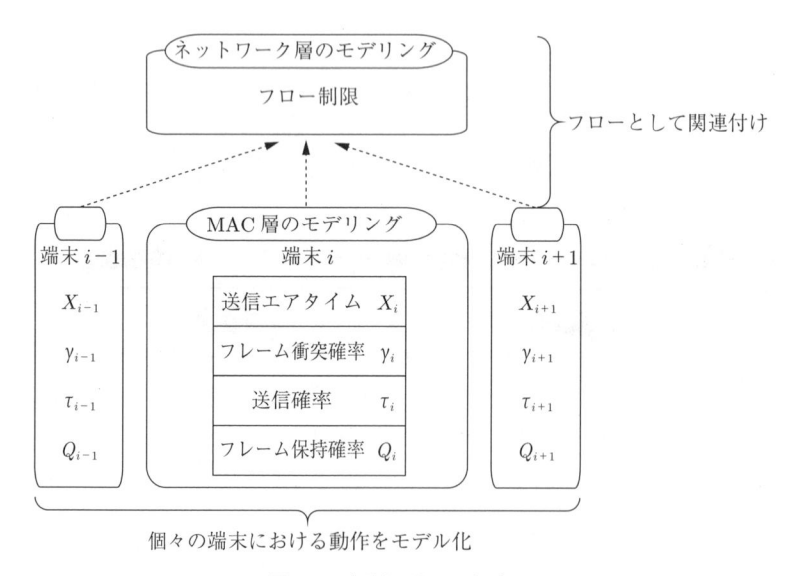

図 3.7 解析の流れの概念図

3.2 マルチホップネットワークへの拡張

全ての端末において送信負荷がチャネル容量より小さいとき，つまりネットワーク全体が非飽和状態である場合，そのスループットは送信負荷と等しいことは自明である．そしてある端末のフレーム保持確率が1になる点が非飽和と飽和の境界であり，その端末のスループットが最大スループットとなる．

一方，遅延特性は各端末の遅延特性をモデル化し，その和をとることによって求めることができる．具体的には，遅延特性はバッファに滞在する時間とフレーム送信にかかる時間に分けて考える．送信時間とバッファ滞在時間を，エアタイムを用いた数理モデルで表現できれば遅延特性を解析的に求めることができる．

通信ネットワークに限らず，システムを数理モデルで表現するときには，いくつかの前提，仮定を設けてシステムを単純化，簡単化する必要がある．本章で導出する直線状マルチホップネットワークの数理モデルは，下記の前提条件のもとに構築されるものである．

1. 図3.6の端末0のみが送信フレームを生成し，その発生過程はポアソン分布に従う．
2. 端末0が生成するフレームは固定長のUDPフレームであり，その宛先端末はHホップ先の端末Hとする．つまり，図3.6において端末0からHまでの一方向フローを考える．また，その際のフレームリレーの時間間隔もポアソン分布に従うものとする．
3. チャネルの状態は理想的であると仮定し，物理層でのエラーは考慮しない．したがって，フレームの送信失敗の原因はMAC層におけるフレーム衝突のみである．
4. 通常ACKフレームのフレーム長はDATAフレームと比較して十分に短い．したがって，DATAフレームとACKフレームの衝突及びACKフレーム同士の衝突は考慮しない．
5. 図3.6に示すように，端末iは直近の隣接端末$i+1$にDATAフレームを送信する．更にその送信信号は端末$i\pm2$の端末までキャリアセンスすることができる．つまり端末iと端末$i\pm3$は隠れ端末の関係にある．

$i\pm 2$ の端末までがキャリアセンスできる場合,マルチホップネットワークの挙動は RTS/CTS を適用したネットワークとほぼ等価な振舞いをすることが知られている[7]

(1) エアタイム 本解析ではエアタイムを用いて種々の MAC 層の特性を定式化していく.一般的に,個々のネットワーク端末は送信状態,キャリアセンス状態,そしてチャネルアイドル状態のいずれかに属する.

送信エアタイム 送信エアタイムはフレーム送信に関わる時間占有率である.いま,s_i を $Time$ 期間における DATA フレーム送信,SIFS,ACK フレーム送信,DIFS 時間の総和と定義する.s_i には送信成功,失敗にかかわらずフレーム送信に使われた時間が全て含まれる.このとき送信エアタイムは

$$X_i = \lim_{Time \to \infty} \frac{s_i}{Time} \tag{3.2}$$

で表現される.

キャリアセンスタイムエアタイム キャリアセンスエアタイムは,フレーム受信及びキャリアセンスに関する時間占有率である.したがって,キャリアセンスエアタイムはキャリアセンス範囲内にいる端末の送信エアタイムの和で表せる.しかしながら,キャリアセンス範囲内にいる端末が同時に送信する時間を考慮しなければならない.

ここで,端末 j と $j+3$ を考える.このとき,端末 $j+1$ 及び $j+2$ は端末 j と $j+3$ 両方のキャリアセンス範囲内にいる.この共通チャネル範囲内にいる端末がフレームを送信すると,端末 j と $j+3$ はともにその送信をキャリアセンスするため,どちらもフレームを送信できない.この時間を考慮し,かつ 3 台以上が同時に通信する時間を無視するとキャリアセンスエアタイムは

$$Y_i = \sum_{j=i-2, j\neq i}^{i+2} X_j - \sum_{j=i-2}^{i-1} \frac{X_j X_{j+3}}{1 - X_{j+1} - X_{j+2}} - \frac{X_{i-2} X_{i+2}}{1 - X_0} \tag{3.3}$$

と表せる.

チャネルアイドルエアタイム 端末 i が送信状態でもキャリアセンス状態でもないとき,チャネルはアイドル状態である.したがって,チャネルアイド

ルエアタイムは

$$Z_i = 1 - X_i - Y_i \tag{3.4}$$

と表現できる．チャネルがアイドルのとき，端末は DATA フレームを保持していればバックオフタイマを減らし，保持していなければ「何もしない」状態となる．この何もしない状態の有無がネットワークの非飽和と飽和の差異となる．

（2） フレーム衝突確率　　直線状ネットワークでは図 3.2 に示すようなキャリアセンス範囲内の端末との同時送信によるフレーム衝突，および図 3.3 に例示される隠れ端末問題に起因するフレーム衝突が起こり得る．これら2種類の衝突は衝突端末が異なる独立事象であるため，端末 i のフレーム衝突確率は

$$\gamma_i = \gamma_{H_i} + \gamma_{C_i} \tag{3.5}$$

と表せる．ここで γ_{H_i} は隠れ端末問題に起因するフレーム衝突確率，γ_{C_i} はキャリアセンス範囲の端末とのフレーム衝突確率を表す．

隠れ端末による衝突　　隠れ端末による衝突は更に，(a) 端末 i がフレーム送信を開始したときに端末 $i+3$ のフレームと衝突する（端末 i がぶつける）タイプと，(b) 端末 $i+3$ がフレーム送信を開始したときに端末 i の送信しているフレームと衝突する（端末 i がぶつけられる）場合に分類できる．キャリアセンスエアタイム導出での考察同様，端末 i とその隠れ端末との共通キャリアセンス範囲にいる端末がフレームを送信している間は，隠れ端末との衝突は発生しない．このことを考慮すると，(a) に分類されるフレーム衝突確率は

$$\gamma_{H_i}^{(1)} = \frac{aX_{i+3}}{1 - X_{i+1} - X_{i+2}} \tag{3.6}$$

と書ける．ここで $a = DATA/(DIFS + DATA + SIFS + ACK)$ であり，データフレーム送信中に衝突が発生することを示している．更に，「端末 i が $i+3$ からフレームをぶつけられる確率」を「端末 $i+3$ が i にぶつける確率」に近似できると仮定すると，(b) のフレーム衝突確率は

$$\gamma_{H_i}^{(2)} = \frac{aX_i}{1 - X_{i+1} - X_{i+2}} \tag{3.7}$$

と表せる．式 (3.6), (3.7) で示される隠れ端末による衝突も独立事象であるので，端末 i の隠れ端末によるフレーム衝突確率は

$$\gamma_{H_i} = \gamma_{H_i}^{(1)} + \gamma_{H_i}^{(2)} = \frac{a(X_{i+3} + X_i)}{1 - X_{i+1} - X_{i+2}} \tag{3.8}$$

と送信エアタイムを用いて表すことができる．

キャリアセンス範囲内の端末との衝突　キャリアセンス範囲内の端末との衝突は複数の端末のバックオフタイマが同時に 0 になったときのみ発生する．しかし，端末 $i-2$ の送信は端末 $i+1$ に影響を及ぼさないので端末 $i-2$ と i が同時送信しても端末 i の送信した DATA フレームは衝突にはならない．LAN とは異なりマルチホップネットワークでは，端末 i が送信を開始する瞬間，キャリアセンス範囲内の端末がチャネルアイドルの状態にあるとは限らないことに注意しなければならない．つまり，端末ごとにフレーム送信確率 τ_i は異なる．以上を考慮すると，キャリアセンス範囲内の端末によるフレーム衝突確率として

$$\gamma_{C_i} = 1 - \prod_{j=i-1}^{i+2}(1-\tau_j) \tag{3.9}$$

を得る．

（3）フレーム送信確率とフレーム保持確率　端末 i がチャネルアイドル状態にあり，かつフレームを保持しているとき，フレーム送信確率は

$$G_i = \frac{R_i}{U_i} = \frac{1 + \gamma_i + \gamma_i^2 + \cdots + \gamma_i^m}{w_0 + w_1\gamma_i + w_2\gamma_i^2 + \cdots + w_m\gamma_i^L} \tag{3.10}$$

と表せる[8]．ここで R_i は端末 i が 1 フレームの送信成功に要する送信試行回数の期待値，U_i は 1 フレームを送信するために必要なバックオフタイムスロットの総数の期待値である．更に w_k は k 回目のフレーム再送におけるバックオフタイマの初期値の期待値であり，CSMA/CA の動作に従えば

$$w_k = \frac{CW_k + 1}{2} \quad (k = 0, 1, \cdots m) \tag{3.11}$$

と書ける．式 (3.10) は端末が常にフレームを保持している状態，すなわち飽和状態で定義されている．これを非飽和状態に拡張するために，端末のフレーム

3.2 マルチホップネットワークへの拡張

保持確率 q_i を導入する．フレーム保持確率はチャネルアイドル状態において，端末が少なくとも一つのフレームを保持している確率と定義される．バックオフタイマの削減はチャネルアイドル状態にある端末がフレームを保持しているときのみ実行される．したがって，端末 i がバックオフタイマをカウントする状態のエアタイムは

$$W_i = q_i Z_i \tag{3.12}$$

と表現できる．一方，式 (3.10) の U_i は単位がスロット数であることに注意すると，1 フレームの送信成功に必要なバックオフタイマ削減時間は $U_i\sigma$ と書ける．ここで σ はスロット時間である．端末 i のフレーム生成率，中継端末においてはフレーム受信率（受信フレーム到着率）を λ_i とすると，W_i は

$$W_i = \lambda_i U_i \sigma \tag{3.13}$$

と書くこともできる．式 (3.12), (3.13) より，非飽和状態のフレーム保持確率の解析表現

$$q_i = \frac{\lambda_i U_i \sigma}{Z_i} = \frac{\lambda_i \sigma (w_0 + w_1 \gamma_i + w_2 \gamma_i^2 + \cdots + w_m \gamma_i^m)}{1 - X_i - Y_i} \tag{3.14}$$

を得る．フレーム保持確率を用いれば，端末 i の送信確率は飽和，非飽和状態を統合して

$$\tau_i = W_i G_i = q_i Z_i G_i = \lambda_i (1 + \gamma_i + \gamma_i^2 + \cdots + \gamma_i^m)\sigma \tag{3.15}$$

となる．ただし，式 (3.15) の q_i は飽和特性も含めるため

$$q_i = \max\left\{1, \frac{\lambda_i \sigma (w_0 + w_1 \gamma_i + w_2 \gamma_i^2 + \cdots + w_m \gamma_i^m)}{1 - X_i - Y_i}\right\} \tag{3.16}$$

と書き換えられる．これを式 (3.9) に代入することで，キャリアセンス範囲内のフレーム衝突確率 γ_{Ci} および式 (3.5) の γ_i が送信確率の関数で表現できる．フレーム衝突確率が具体的に表現できると，端末 i のスループットは

$$E_i = X_i (1 - \gamma_i) \frac{P}{T} \tag{3.17}$$

と書ける．ただし，$T = DIFS + DATA + SIFS + ACK$ であり，P は DATA フレームのペイロードサイズである．図 3.6 に示すような直線状のネットワークでは，端末 $i-1$ のスループットは端末 i の受信率と等しい．したがって，端末 i のフレーム受信率は

$$\lambda_i = \frac{E_{i-1}}{P} = \frac{X_{i-1}(1-\gamma_{i-1})}{T} \tag{3.18}$$

となる．ここで，E_{-1} は端末 0 のフレーム生成率，つまり送信負荷と考える．

ここまで，MAC 層の特性であるフレーム衝突確率及びフレーム保持確率をモデル化してきた．エアタイムの概念を導入した結果，これら MAC 層の特性は各端末の送信エアタイムの関数として表すことができた．したがって，システムスループットや遅延特性の導出は X_i を求める問題に帰着できることがわかる．

3.2.2 フロー制限に基づく特性解析

MAC 層の特徴を決定付ける端末 i の送信エアタイムは，端末 i の近隣端末の影響によりその値が変化する．ここにネットワークダイナミクスを生み出すメカニズムが内在する．各端末の送信エアタイムを導出するためには，ネットワーク層の特徴を考慮する必要がある．

IEEE 802.11 DCF では，フレームの再送回数が m 回を超えるとそのフレームは破棄される．また，ACK フレームを返したにもかかわらず，自身のバッファが全て埋まっており受信フレームを破棄する場合がある．これらを考慮すると，各端末のスループットは

$$E_i = E_{i-1}(1-\gamma_i^{m+1})(1-P_i^o) \tag{3.19}$$

と関連付けられる．ここで，P_i^o はバッファオーバーフローに起因するブロック率である．式 (3.19) の関係式は端末ごとに記述された MAC 層の数理モデルをフロー単位で関連付けさせるものであり，フロー制限と呼ばれる[5]．フロー制限によりあらたに H 個の条件式を得ることができる．したがって，ネットワー

クの送信負荷 E_{-1} に対する X_i を一意に決めることができる．X_i が求まればスループット，フレーム衝突確率，フレーム保持確率を芋蔓式に導出できる．

（ 1 ） **最大スループット**　マルチホップネットワークでは，あるノードでフレーム転送を処理しきれなくなり，バッファからフレームが溢れるという事象が生じる．端末 0 の送信負荷を上げていったとき最初に飽和する端末を端末 B とする．最大スループットは非飽和と飽和の境界点で生じるため，ネットワークの最大スループットとして

$$X_B = (1 - X_B - Y_B)\frac{R_B}{U_B}\frac{T}{\sigma} = (1 - X_B - Y_B)G_B\frac{T}{\sigma} \tag{3.20}$$

を得る．

（ 2 ） **遅 延 特 性**　図 3.6 のような直線状マルチホップネットワークにおいて，端末 0 でフレームが生成されてから端末 H がそのフレームを受信するまでの時間を，「ネットワーク遅延」と定義する．ネットワーク遅延を導出するためには，個々の端末の送信遅延を導出し，フローに沿ってその和をとればよい．図 3.8 に各端末におけるバッファ滞在時間と MAC アクセス遅延との関連を図示する．個々の端末の遅延は，フレームがバッファの先頭に到達してから送信が完了するまでの MAC アクセス遅延と，受信してからバッファの先頭まで到達する時間であるバッファ滞在時間の二つの要素に分類することができる．

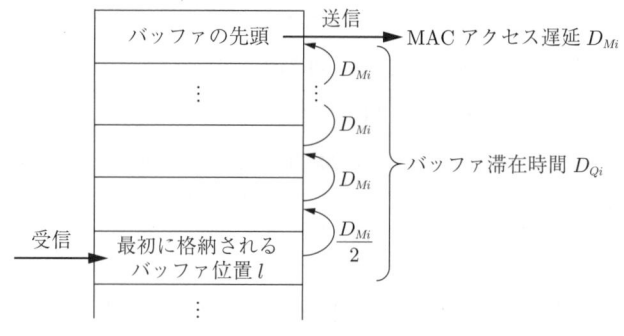

図 3.8　バッファ滞在時間と MAC アクセス遅延

MAC アクセス遅延　MAC アクセス遅延はフレームがバッファの先頭に着いてからそのフレームが処理（送信成功または破棄）されるまでの時間と定

義する．つまり，MACアクセス遅延には，一つのフレームを送信成功させるための送信時間，キャリアセンス時間，そしてバックオフタイマ削減時間で構成される．ここでキャリアセンス状態におけるフレーム保持確率は全体時間におけるフレーム保持確率 Q_i と等しいと仮定する．ここで，q_i はチャネルアイドル時間上で定義されているため，これを全体時間でのフレーム保持確率に定義し直したい．フレーム送信中は必ずフレームを保持していることを考慮すると，Q_i は

$$Q_i = X_i + Q_i Y_i + q_i Z_i \tag{3.21}$$

と表すことができる．このとき，送信時間とキャリアセンス時間とバックオフ削減時間の和の比は式 (3.12) より

$$X_i : (W_i + Q_i Y_i) = 1 : \frac{q_i Z_i + Q_i Y_i}{X_i} \tag{3.22}$$

と表せる．したがって，MACアクセス遅延は

$$D_{M_i} = T R_i \left(1 + \frac{Q_i Y_i + q_i Z_i}{X_i}\right) \tag{3.23}$$

と，エアタイムを用いてモデル化される．

バッファ滞在時間　バッファ滞在時間はフレームが端末 i によって受信されてから，そのフレームがバッファの先頭に到着するまでの時間と定義する．バッファ滞在時間を考察するために，図 **3.9** に示すバッファ滞在モデルを用いる．図 3.9 は待ち行列理論[9]の $M/M/1/K$ モデルに従った状態遷移図であり，λ_i, μ_i は待ち行列理論でいう「**到着率**」，「**サービス率**」を示し，L はバッファ長である．

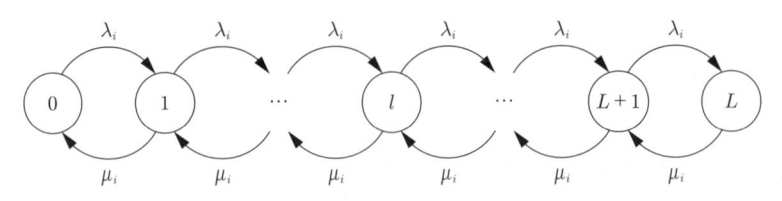

図 **3.9**　端末 i のバッファ滞在モデル

本モデルではバッファ一段でフレームを処理する時間，つまり MAC アクセス遅延がサービス時間となるため

$$\mu_i = \frac{1}{D_{M_i}} = \frac{1}{TR_i\left(1 + \dfrac{Q_iY_i + q_iZ_i}{X_i}\right)} \tag{3.24}$$

を得る．一方，式 (3.10), (3.18), (3.19) から

$$\lambda_i TR_i(1 - P_i^o) = X_i \tag{3.25}$$

が導かれる．したがって図 3.9 のモデルにおける，待ち行列理論でいう「利用率」は式 (3.21), (3.25) より

$$\rho_i = \frac{\lambda_i}{\mu_i} = \lambda_i TR_i\left(1 + \frac{Q_iY_i + q_iZ_i}{X_i}\right) \tag{3.26}$$

$$= \frac{X_i + Q_iY_i + q_iZ_i}{1 - P_i^o} = \frac{Q_i}{1 - P_i^o} \tag{3.27}$$

と導出される．

図 3.9 に示すバッファ待ち行列モデルにおいて，端末 i がフレームを l 個保持している確率は，利用率を用いると

$$b_{i,l} = Q_i^l b_{i,0} \tag{3.28}$$

と書ける．$b_{i,l}$ に

$$\sum_{l=0}^{L} b_{i,l} = \frac{1 - Q_i^{L+1}}{1 - Q_i} b_{i,0} = 1 \tag{3.29}$$

の関係式が成り立つ．したがって

$$b_{i,0} = \frac{1 - Q_i}{1 - Q_i^{L+1}} \tag{3.30}$$

を得る．式 (3.28), (3.30) より

$$b_{i,l} = \frac{Q_i^l - Q_i^{l+1}}{1 - Q_i^{L+1}} \tag{3.31}$$

が得られる．バッファの状態確率を用いると，ノード i のバッファ滞在時間は図 3.8 を参照したとき

$$D_{Q_i} = \sum_{l=1}^{L} \left[\frac{D_{M_i}}{2} + (l-1)D_{M_i} \right] b_{i,l}$$

$$= D_{M_i} \sum_{l=1}^{L} \left[\frac{1}{2} + (l-1) \right] \frac{Q_i^l - Q_i^{l+1}}{1 - Q_i^{L+1}}$$

$$= \frac{D_{M_i} Q_i \left[1 + Q_i - (2L+1)Q_i^L + (2L-1)Q_i^{L+1} \right]}{2(1-Q_i)(1-Q_i^{L+1})} \tag{3.32}$$

と表せる．式 (3.32) 1 行目右辺において，$D_{M_i}/2$ はフレームが受信されバッファに格納されたときには，バッファの先頭にいるフレームはすでに送信動作に入っており，期待値 $D_{M_i}/2$ で一つ上のバッファに遷移することを表している．また，$(l-1)D_{M_i}$ はフレームが一つ上のバッファに遷移して以降，先頭のバッファまで遷移する時間を表現している．

以上の議論により，端末 i の送信遅延は

$$D_i = \frac{D_{M_i} \left[2 - Q_i + Q_i^2 - (2L+3)Q_i^{L+1} + (2L+1)Q_i^{L+2} \right]}{2(1-Q_i)(1-Q_i^{L+1})}$$

$$= \frac{TR_i Q_i \left[2 - Q_i + Q_i^2 - (2L+3)Q_i^{L+1} + (2L+1)Q_i^{L+2} \right]}{2X_i(1-Q_i)(1-Q_i^{L+1})} \tag{3.33}$$

となる．なお，フレーム保持確率は $Q_i < 1$ なので，バッファ長が十分に長いとき，送信遅延は

$$D_i \approx \frac{TR_i Q_i \left(2 - Q_i + Q_i^2 \right)}{2X_i(1-Q_i)} \tag{3.34}$$

と近似できる．結果として端末 0 から端末 H までのネットワーク遅延として

$$D = \sum_{i=0}^{H-1} D_i$$

$$= \sum_{i=0}^{H-1} \frac{TR_i Q_i \left[2 - Q_i + Q_i^2 - (2L+3)Q_i^{L+1} + (2L+1)Q_i^{L+2} \right]}{2X_i(1-Q_i)(1-Q_i^{L+1})} \tag{3.35}$$

を得る．式 (3.10)，(3.14)，(3.21) より，式 (3.35) で表されるネットワーク遅延はエアタイムの関数としてモデル化される．ところで，式 (3.19) におけるブロック率は，端末 i が L 個のフレームを持つ状態確率と等しいので

$$P_i^o = b_{i,L} = \frac{Q_i^L - Q_i^{L+1}}{1 - Q_i^{L+1}} \tag{3.36}$$

が得られる．したがって，式 (3.19) から導出した送信エアタイムの値を用いることにより，遅延特性を解析的に導出することができる．

3.2.3 数理モデルの評価と考察

ここからは導出した数理モデルの妥当性を評価する．表 3.1 に評価に用いるシステムパラメータを示す．これらは IEEE 802.11a に従ったものである[1]．シミュレーションに用いるネットワークトポロジーは図 3.6 に示す H ホップ直線状マルチホップネットワークである．

表 3.1　システムパラメータ

ペイロード長（P）	100 byte	送信半径	60 m
PLCP プリアンブル	16 μsec	キャリアセンス半径	120 m
PLCP ヘッダ	4 μsec	ノード間距離	45 m
MAC ヘッダ	24 byte	$FRAME$	84 μsec
LLC ヘッダ	8 byte	$DATA$	48 μsec
ACK フレームサイズ	10 byte	ACK	32 μsec
Data レート	18 Mbps	$SIFS$	16 μsec
ACK ビットレート	12 Mbps	$DIFS$	34 μsec
		スロット時間（σ）	9 μsec
		CW_{min}	15
		CW_{max}	1 023
		最大再送回数（m）	7
		バッファ長（L）	100

図 3.10，図 3.11 にホップ数に対する最大ネットワークスループットおよび送信負荷に対するネットワーク遅延の特性を示す．これらのグラフから，解析結果とシミュレーション結果の定量的一致を確認でき，解析の妥当性が示される．図 3.10 では，ホップ数が増加するに伴い，ネットワークスループットは低下する．これは，チャネルを共有する端末数が増えるためであり，例えば 1 ホップネットワークと 2 ホップネットワークではスループットは約半分となる．しかしながら，あるところで最大スループットが一定値に落ち着くことがわかる．これは，全ての端末が同じキャリアセンス範囲内にいるわけでないため，ある

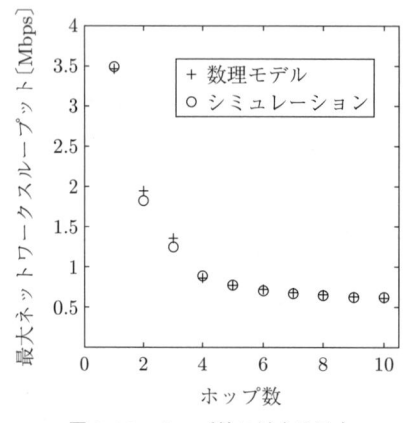

図 3.10 ホップ数に対する最大ネットワークスループット

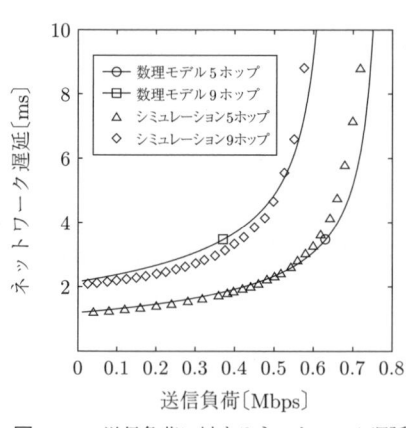

図 3.11 送信負荷に対するネットワーク遅延

程度端末数が増えるとチャネルを共有する端末数に変化がなくなるためである.

図 3.11 より, 送信負荷が高くなるに伴い, ネットワーク遅延が増大していることがわかる. しかし遅延は線形で増加しているわけでなく, 飽和する直前に急激に増大している. この特徴は式 (3.21), (3.34) からつかむことができる. つまり, フレーム保持確率 Q_i が小さいときにはフレーム保持確率と送信エアタイムがほとんど等しいため, 送信負荷が増えてもほぼ一定値となる. ところが, 飽和状態に近づきフレーム保持確率 Q_i が 1 に近づくと, 式 (3.34) の分母が 0 に向かうため急激に遅延が増大する. 式 (3.34) の分母が 0 に向かうことは, バッファ滞在時間が大きくなることを意味しており遅延増加の直感と一致する. 以上の考察から, ネットワークのダイナミクスには端末のフレーム保持確率が大きく効いてくることが見えてくる.

図 3.12 に 9 ホップネットワークにおける送信負荷に対するフレーム保持確率を端末 0〜2 について示す. この図から, 端末 2 のフレーム保持確率が最初に 1 となることがわかる. このことは, マルチホップネットワークにおいてボトルネック端末は端末 2 となることを示している. フローに沿って考えたとき端末 2 がはじめて 4 端末のキャリアをセンスする端末である. したがって, 式 (3.14) よりチャネルアイドルエアタイム Z_2 がほかの端末と比較して小さくな

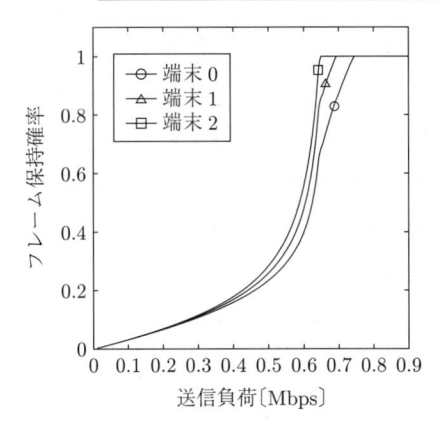

図 **3.12** 9 ホップネットワークにおける送信負荷に対するフレーム保持確率

ることによりボトルネックノードになると考察される．送信エアタイムだけで考えると，端末 0 のほうが大きく，その効果により Z_0 も小さくなるが，本結果は，送信エアタイムの増加ではなくキャリアセンスエアタイムの増加がボトルネック端末を決める要因となり，ネットワークスループットが決まることを示している．

図 **3.13** に 9 ホップネットワークにおける送信負荷に対するフレーム衝突確

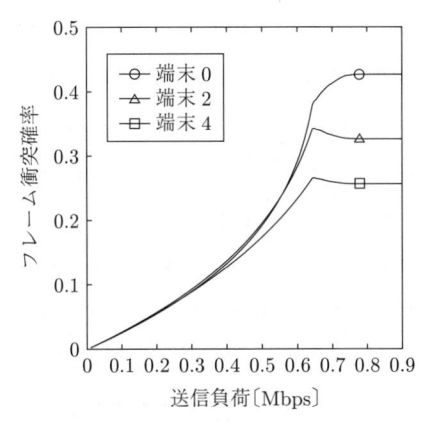

図 **3.13** 9 ホップネットワークにおける送信負荷に対するフレーム衝突確率

率を示している．この図から，フレーム衝突確率は端末 0 が最も高いことがわかる．前述の通り，フレーム保持確率は端末 2 が最も高くなりそれが要因でボトルネック端末になっている．MAC 層レベルで考えると，フレーム衝突確率を小さくすることに腐心しがちであり，実際に前章ではフレーム衝突に焦点を当ててその動作を説明した．しかし，これがマルチホップになりフローレベルで考えると，フレーム衝突確率の削減とともに，特にボトルネック端末周辺のキャリアセンス時間の削減もネットワークスループット向上のための重要な課題であることが見えてくる．

以上のように，数理モデル及びそこから導出される結果は，単にネットワークスループットやネットワーク遅延というシステムとしての「アウトプット」を得るだけでない付加情報を提供する．数理モデルから得られる多様な情報はプロトコル設計者のイメージや直感を育み，そこから新たなプロトコルが創造されることが期待される．

3.3 数理モデルの構築とプロトコル設計

本章後半では既存の IEEE 802.11 マルチホップネットワークについて，数理モデルを構築し，そのネットワークダイナミクスを解析結果より考察した．現状では，「簡素化した数理モデルを苦労して構築するくらいいなら詳細な動作を記述でき，かつ簡単に結果が出てくるシミュレーションで評価すればよい」という声が多数である．確かにシミュレーションはスループットや遅延などシステムとしてのアウトプットを評価するには適したツールである．しかし，大規模化，複雑化する一途にあるネットワークに生じるダイナミクスを，シミュレーションから的確に把握することは困難となってきている．たとえ設計者の意図しない挙動がネットワーク内で起きたとしても，そのダイナミクスの発生を認知することさえ難しい．また，シミュレーションはあくまで特定のパラメータに対する特性を求めるためのツールであり，それぞれのパラメータがアウトプットに及ぼす影響度などを推し量ることも困難である．

一方，数理モデルは「簡単化」という作業が必要であるため，精度の観点からすればシミュレーションには及ばない．しかしながら，数理モデルの中にパラメータが陽に記述されれば，ネットワークダイナミクスとパラメータとの関係を把握しやすく，プロトコル設計者の直感が働くという利点がある．また，例えばシミュレーションと数理モデルの特性の不一致が見られる場合，「簡単化」で仮定した中にその要因があることが多い．つまり，設計側の思い込みを指摘する効果もある．例えば今回の解析では，DATA フレーム長が短い場合についての特性比較を行っているが，フレーム長が長くなると最大スループットが数理モデルとシミュレーションの間で一致しないことが知られている．その不一致の原因を突き詰めると思わぬ**ネットワークダイナミクス**が見出せるので[6]，演習問題としてぜひ考えてみてほしい．

　今後，ネットワーク内における端末間の「相互作用」に起因するダイナミクスを積極的に活用していくことが求められる．新たなプロトコルを創造するには，数理モデルとシミュレーションを両方とも使いこなすことが必須となるであろう．その意味でも，通信ネットワークをサイエンスの立場から捉え数理モデルからネットワークダイナミクスをしっかり把握することの重要性は今後ますます増していくと考えられる．

第2部 ネットワークダイナミクスを扱う情報ネットワーク科学

第4章
生命のしくみに学ぶ情報ネットワーク

　情報ネットワークは工学システムであることから，最適設計と，それにもとづく決定論的な制御が行われてきた．しかし，全体最適化制御のためには，ネットワークの構造や通信需要をリアルタイムかつ正確に把握し，更に，それらの環境が変化する前に制御に反映しなければならず，頻繁に大量の制御情報をやりとりすることで通信容量を圧迫するという問題が生じる．

　また，情報ネットワークが大規模，複雑になるにしたがって，実用的な時間や計算量で，構成要素の複雑な連携や相互作用を考慮した最適解を導出すること自体が困難になりつつある．更に，そのような情報ネットワークの複雑化は，事前に想定できないレベルの変動や障害を引き起こす可能性を高めている．

　一方で，生物システムは，情報ネットワークシステムと同様に複雑系の非線形システムでありながら，常に変化する環境下でも，最適ではないにしても，動作，機能し続けられ，生来的に適応的で頑健である．そのしくみは進化の過程で最適化されたものと考えることもできるが，工学システムのようにある規定，想定された環境で最大の能力を発揮するための最適化ではない．

　生物システムが適応性や頑健性を獲得してきた過程や，その原理を理解し，応用することによって，情報ネットワークが，将来においても重要かつ信頼のできる社会基盤システムとして更に持続発展できる可能性がある．

　ただし，生物システムと情報ネットワークは，その構築目的や要件が異なる別個のシステムである．したがって，生物システムの振舞いをそのまま模倣するのではなく，生物システムが有するネットワークダイナミクス，すなわち，どのような情報を取得し，どのように活用しているか，というその本質を理解し，情報ネットワークの新たな設計・制御原理に取り入れることが重要である．

　本章では，いくつかの例にもとづき，そのような生命システムに着想を得た情報ネットワーク設計・制御のあり方について論じる．

4.1 生命における自己組織化とネットワークへの応用

生物システムの代表的な動作原理に**自己組織化**（self-organization）がある．自己組織化は，化学，物理学，社会科学などのさまざまな学術分野においても取り扱われている現象であるが，ここでは「局所的な情報を用いた単純なルールによって動作する要素の相互作用により，全体としての機能，構造，秩序などが形成されること」と定義する．自己組織化においては，要素の単なる総和を超えた性質や能力が全体として現れ，これを**創発**（emergence）と呼ぶ．

情報ネットワーク全体を最適に制御するためには，管理サーバあるいはそれぞれのノードが，全てのノードの通信量やリンクの品質など，時々刻々と変化する通信状態を把握し，最適解を導出して制御に反映しなければならない．一方，自己組織化の原理を応用すれば，通信状態などに関する全体情報を収集することなく，個々のノードの自律的な判断にもとづく制御によって，ネットワーク全体として所望の機能を達成することができる．

自己組織化現象は，遺伝子，細胞，組織から，群れや集団に至るまで，生物システムのさまざまなレベルで認められる．特に，アリやハチなどの集団行動をとる社会性昆虫や，魚，鳥などの群れにおける自己組織化現象は**群知能**（swarm intelligence）と呼ばれ，多くの研究がなされ，その原理を説明する数理モデルが構築されている．

アリの採餌行動における最短経路（最短路）の構築は群知能の好例である．アリは餌を見つけると，道しるべフェロモンと呼ばれる揮発性の化学物質を地面に残しながら巣に戻る．ほかのアリは道しるべフェロモンに引きつけられることで餌にたどり着く．

巣と餌の間には複数の経路が存在し得るが，揮発性により，長い経路よりも短い経路のほうにより多くのフェロモンが残る．そのため，より多くのアリが短い経路を通り，更に道しるべフェロモンを残しながら巣に戻る．このことによって，短い経路が強化されることにより，ほとんどのアリが最短または最短

に近い経路を通るようになる．

　アリによる最短経路の形成においては，アリの間に直接的なやりとりによる相互作用は存在しない．アリは，地面に道しるべフェロモンを残すことによって環境に変化をもたらし，変化した環境への応答として道しるべフェロモンをたどる．このような環境を介した間接的な相互作用を **stigmergy** と呼ぶ．

　このように，巣や餌の位置といった全体像を知覚できず，また，群れに対して指示を出す統括者も存在しないにもかかわらず，フェロモンの蓄積と誘因という局所的かつ自律的な行動によって，最短経路が自己組織的に形成される．

　また，アリの動作は決定的ではない．フェロモン量の少ない経路をたどるアリや，フェロモンのない領域を探索するアリも同時に存在しており，これらが新しい餌の発見や経路の探索，維持に寄与し，アリの採餌行動における自己組織化の環境変動への適応性や頑健性をもたらしている．

　このアリの群れにおける自己組織化現象は，巡回セールスマン問題の発見的手法 ACO（Ant Colony Optimization）として定式化され，更に，情報ネットワークにおける負荷分散手法 ABC（Ant-Based Control）や，無線アドホックネットワークにおける経路制御手法 AntHocNet などにも応用されている．

　これらの手法では，アリを模した制御メッセージをやりとりすることで，ノードに変数として保持されたフェロモン量を更新し，フェロモン量にもとづいてデータの転送先を決定する．最適に近い経路が得られること，トラヒックやトポロジーの変化に対して適応的かつ頑健であること，また，制御負荷が低いことなどがシミュレーション評価によって示されている．

　また，生物システムにおける自己組織化現象として，体表における形態形成因子の細胞間相互作用による種固有の形態形成（morphogenesis）が知られており，その数理モデルである**反応拡散モデル**（reaction-diffusion model）によるシミュレーション結果とタテジマキンチャクダイにおける模様の形成過程がよく一致することが確認されている．

　反応拡散モデルでは，活性因子と抑制因子と呼ばれる仮想的な化学物質が細胞内で反応すると同時に，細胞膜を通して周囲の細胞に拡散することで，因子

濃度の周期的な濃淡が生まれる．因子の初期濃度分布やモデルの係数の違いによって，斑紋や縞模様などのさまざまな空間的なパターンが自己組織的に形成される．

反応拡散モデルは，斑紋と制御構造との類似から，空間・時分割多元接続方式（spatial TDMA）における通信タイミングのスケジューリングやクラスタリングに応用されている．

ほかにも，ホタルの発光同期のしくみを応用したタイマの同期制御やメッセージ送信のスケジューリング，ミツバチなどの分業のしくみを応用したノード間でのタスク割当制御，魚の群れ行動のしくみを応用した無線ネットワーク制御など，生物システムにおける自己組織化現象が情報ネットワーク制御に適用され，その有効性が確認されている．

一方で，自己組織化は要素間の相互作用によって創発される現象であり，いわば結果論にすぎない．そのため，得られる結果の最適性は必ずしも保証されない．また，小規模，短期的な変動に対して局所的な応答によって適切に対処されることが期待できるが，相互作用を通じてその影響が波及し，システム全体が不安定になる恐れもある．更に，十分な相互作用には時間を要するため，短時間で変化する環境への追従は難しい．

一方，社会インフラの一つである情報ネットワークにおいては，ある一定以上の品質を保証する必要がある．そのため，近年，外部から入力を与えることなどによって，自己組織化における要素の自律性を維持しつつ，望む結果をより早く，確実に得るという**管理型自己組織化**（controlled/guided/managed self-organization）という考え方やその応用が注目を集めており，盛んに研究されている．

4.2 生命の環境適応性と情報ネットワーク

環境適応のしくみは，生物システムと情報ネットワークで大きく異なることがわかっている．

情報ネットワークを構築する手法としては，混合整数線形計画法（Mixed Integer Linear Programming：MILP）などの**数理計画法**によって最適解，すなわち，最適な情報ネットワークの構成を導出する手法がある．一般に，数理計画法による解法は，与条件を与え事前に規定される制約下で性能指標を最大化もしくは最小化するものである．

情報ネットワークを構築する際には，与条件の一つに，ルータ間の通信需要が用いられることが多い．ルータ間の通信需要は，全てのルータ間の通信量を長期にわたって計測することで得られるものである．数理計画法による解法は，ルータ間の通信需要に対して性能が最適化されるネットワークを求めることになる．

環境に変化が生じ，最適解を求めるにあたって用いた与条件が大きく変わる場合には，再び与条件を変更して最適解を求め，環境変動への適応を図ることになる．ただし，数理計画法による解法ではノード数の増大に対して計算量が爆発的に増大するため，実用的な時間で解を計算することはできず，環境適応に膨大な時間を要する．

もちろん，計算時間の短縮を狙った発見的手法により良好な解を求める手法も数多く検討されている．しかし，それらの手法は数理計画法による解法と同様に，ネットワークの構成情報や通信需要等の与条件が得られることを前提として解を求めるものであり，通信需要の計測自体に時間を要する場合には，環境適応への時間も増大することとなる．

数理計画法や発見的手法を用いる従来の情報ネットワーク構築手法では，環境変動は生じないものとして問題を扱ってきた．実際には環境変動は常に生じるが，どのように環境適応を図るのだろうか．これについては，短期的な通信量の変動については，極端にいえば無視する，もしくは，無視できるほどのネットワークリソースをあらかじめ冗長に配備しておく，といった対処が行われている．長期的，かつ，恒常的な変動に対しては，通信需要を計測し数理計画法により再び最適解を求めるが，再び最適解を得るまでは利用者が我慢をしながらネットワークを使用することとなる．このように，環境変動が生じないもの

として問題を解く手法を用いると，環境適応のしわ寄せはネットワークコストもしくはネットワーク利用者へと波及することとなる．

一方，生物システムは，4.1 節でも述べたように，システムが取り巻く環境の全体像を把握する手段を持っておらず，数理計画法による解法で必要となる詳細な与条件を得ること自体が困難である．生物システムは，情報ネットワークの設計・制御に必要となる情報（制御情報）に比較して，極めて少ない情報を用いて環境適応を図っているものと考えられている．では，生物システムが全体像を把握することなく環境変動にどのように適応しているのだろうか．その鍵として考えられるのが「ゆらぎ」である．

「ゆらぎ」を用いるシステム制御は脳や生体に共通してみられる制御原理であり，全体システム制御がプリプログラムされていなくとも，ノイズを生かして環境変動に対して適応的に動作する自己組織型制御の一種である．全体像を把握したシステム制御を不要とする結果，エネルギー消費の著しい低減が実現されるものである．生物システムは，分子から細胞，脳，個体，更には社会レベルに至る階層を持つ，複雑かつ高次元でダイナミックなシステムである．このようなシステムが決定論的手法で制御されていると考えるのは，制御すべきパラメータがあまりにも多く，現実的でない．

実際，これまでの研究によって，生物は，大きなエネルギーを用いて厳密さを追求する方法ではなく，むしろノイズを遮断せずに利用することによって，高次元なシステムを制御していることがわかってきている．脳や生体，細胞レベルで，その制御機構を説明するのがゆらぎ制御であり，制御状態 x を決定する数理モデルも，以下のランジュバン型の式で表されるものとしてすでに確立されている．

$$\frac{d\boldsymbol{x}}{dt} = activity \cdot f(\boldsymbol{x}) + \eta$$

この制御式の構成要素の一つ目は，$f(\boldsymbol{x}) = -dU(\boldsymbol{x})/dt$（ただし，$U$ はポテンシャル関数）である．ポテンシャル関数 $U(\boldsymbol{x})$ は，状態変数 $\boldsymbol{x}$ に対して，ノイズ項 η に基づいてアトラクタを探索することを可能とする構造を持つエネル

ギー関数である．二つ目は $activity$（アクティビティ）である．アクティビティは，環境変動に応じてポテンシャル関数を変調させることによってノイズによるアトラクタ探索を実現するものであり，システムにとっての「心地のよさ」を表す．最も重要なものはノイズ項 η であり，システムの詳細な構造を記述することなく，アトラクタを探索することを可能にする．

情報ネットワークにおいては，以下のように言い換えることができる．対象とする情報ネットワークの制御構造を $f(\boldsymbol{x})$ で記述し，望ましい安定状態をアトラクタとして表現する．その結果，アクティビティによって変調された $f(\boldsymbol{x})$ に基づいて，解探索がノイズによって駆動される．アクティビティは，情報ネットワークにおいては対象となるシステムの性能指標に相当する．

ここで特に重要となるのは，システムの性能指標のみを用いる点であり，通信量の変動や故障などによる環境変動をあらかじめ想定した制御を定義する必要がないことである．すなわち，情報ネットワークにおいては，システム状態を把握するための膨大なノード間の情報交換を必要とせず，また，システムの全状態を考慮した全体最適化問題を解く必要がないことを意味する．その結果，制御に必要な計算時間を飛躍的に短縮することが期待できる．

4.3 生命の階層性と情報ネットワーク

生物システムと情報ネットワークはともに，階層性を有していることが知られている．例えば，生物の細胞内に存在する**転写因子ネットワーク**では，複数の転写因子が遺伝子を制御する**階層構造**を有している．その概念図を図 **4.1** に示す．

転写因子ネットワークは転写因子と呼ばれるタンパク質で構成され，外界からの刺激に応じた遺伝子の制御信号を伝達するためのネットワークである．転写因子ネットワークは進化の過程で，省エネルギーでありながらロバスト性や負荷分散性を高めることに成功してきた．

一方，情報ネットワークも同様に階層構造をなしていることが広く知られてい

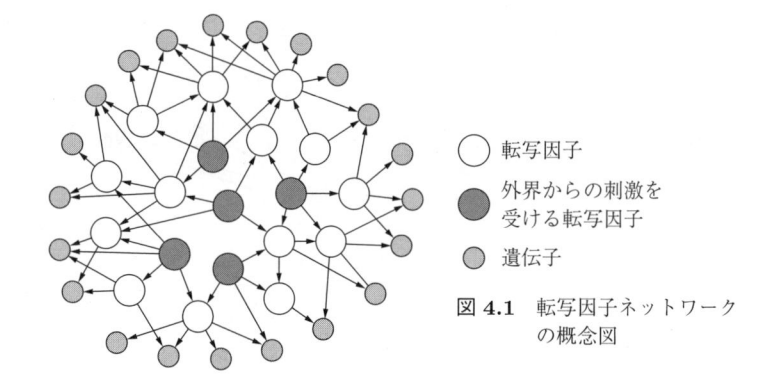

4.3 生命の階層性と情報ネットワーク

図 4.1 転写因子ネットワークの概念図
○ 転写因子
● 外界からの刺激を受ける転写因子
○ 遺伝子

る．例えば，AS (Autonomous System) レベルの接続ネットワークは，「Tier–1」と呼ばれるインターネットサービスプロバイダ (Internet Service Provider：ISP) を接続構造の頂点とし，「Tier–1」ISP に対してトラヒック転送の利用料であるトランジット料を支払う「Tier–2」ISP が接続され，更に「Tier–2」ISP にトランジット料を支払う「Tier–3」ISP が接続される階層構造をなしている（図 4.2）．

また，AS 内部のルータ間の接続構造も，基幹網，地域網，アクセス網の 3 階層をなしている．図 4.3 は，traceroute と呼ばれるネットワークツールを用い

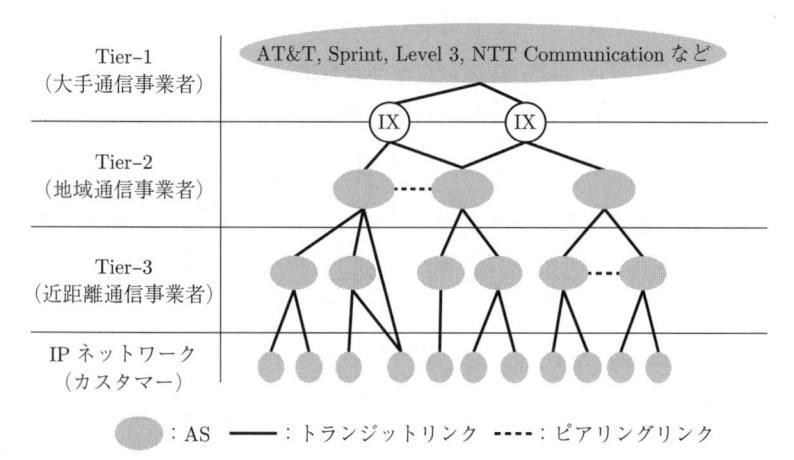

図 4.2 インターネットの AS 間の接続構造

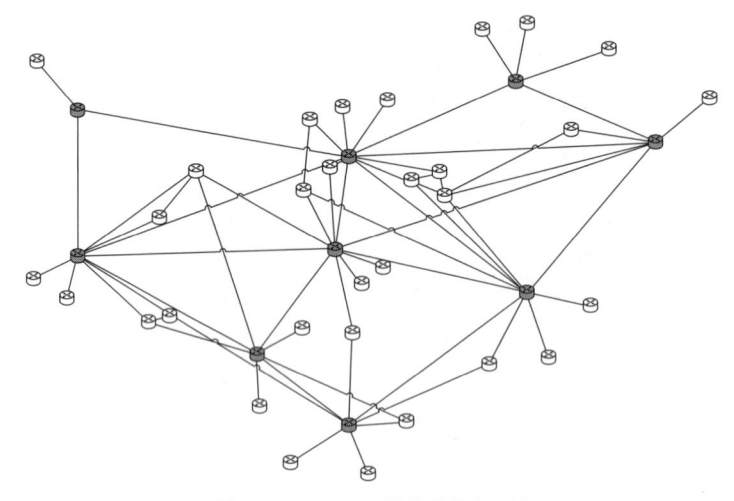

図 4.3 IP ルータ間接続構造の例

て計測して得られた IP（Internet Protocol）ルータのネットワークを図示している．ここでは，IP ルータの IP アドレスから取得可能な DNS 名をもとに，米国 AT&T 社の州レベルでの接続状況を図示している．米国の領土を跨がる黒塗りの基幹ルータからなる基幹網と，基幹ルータに接続する地域網のルータを図示している．なお，アクセス網は図 4.3 には示していないが，地域網のルータに接続する形でネットワークを構成している．

これらのネットワークは，次数分布がべき乗則に従うという点で共通の性質を有している．しかし，機能故障に対する堅牢性という点では異なる様相を示す．図 4.4 は，機能が損なわれたノード（以降，ノード故障）の割合に対するネットワークの接続率を，各種の転写因子ネットワークとルータ間接続ネットワークそれぞれに対して求めた結果を示している．接続率とは，ノード故障後に到達可能なノード数を故障前のネットワークが有するノード数で正規化したものである．接続率が低いとノード故障後のネットワークは分断され，通信可能なノード数の割合が低いという観点では好ましくない．図 4.4 では，AT&T，Sprint の 2 種のルータ間の接続ネットワークは，大腸菌の転写因子ネットワークの接続構造と比較すると良好な性質を有しているものの，そのほかの生物種

4.3 生命の階層性と情報ネットワーク

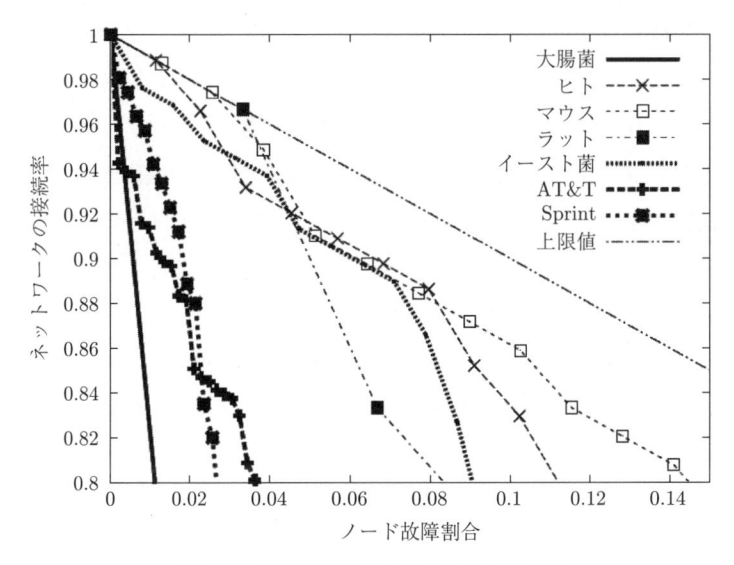

図 4.4 転写因子ネットワークとルータ間接続ネットワークの堅牢性

よりも劣っていることがわかる．

では，どのような要因でこのような差が生じているのだろうか．それは，より高次の接続性が異なっているためである．生物の細胞内に存在する転写因子ネットワークでは，複数の転写因子が一つの転写因子や遺伝子を制御する**コラボレーション構造**（図 4.5）を有することが知られている．コラボレーション構造とは，二つの転写因子が一つの転写因子を制御する接続構造であり，より高

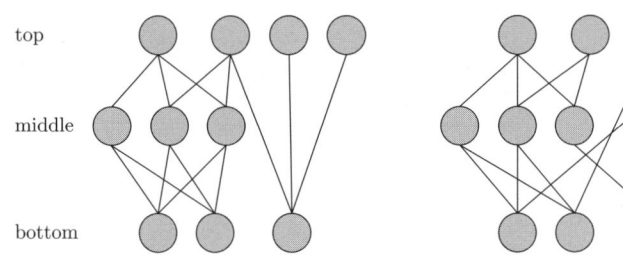

(a) 低コラボレーション構造の例　　(b) 高コラボレーション構造の例

図 4.5 コラボレーション構造の概念図

等な生物種ほどコラボレーション構造が多く含まれていることが明らかとなっている．ここでいう高等な生物種とは，省エネルギーかつロバスト性を高めた生物種や，より複雑なゲノムを制御する生物種を意味する．

　コラボレーション構造は，堅牢性の観点からはノードの機能が損なわれた場合の迂回路を提供しているといえる．情報ネットワークでは，図4.5(a)のように，基幹網は地域網と，地域網はアクセス網と接続される接続構造が多く，コラボレーション構造はほとんど観察されない．この点については，第5巻で詳しく述べる．今後情報ネットワークを構築する上で，故障特性の優れるヒトやマウスのコラボレーション構造を取り入れることによって，信頼性の高いネットワークの構築が期待される．

第5章
自然界の階層構造に学ぶ自律分散制御モデル

　物理システムの中には，システム状態の時間発展（時間変化）が偏微分方程式の形で表現できるものがある．これは，ある場所での時間的な状態変化が近隣の状態のみによって左右されるものであり，遠方の状態から直接的な影響を受ける訳ではない，という「近接作用」の考え方を反映したものである．近接作用に基づく物理システムが秩序ある世界を作り出すような状況は，偏微分方程式が大域的に秩序ある解を持つことに対応する．この状況を工学的な自律分散制御の立場でみると，局所的な情報のみに基づいた部分システムの自律動作によって，結果的にシステム全体の状態に秩序を生み出すように動作していることになり，このような動作特性を持つ自律分散制御の実現が期待できる．本章では，偏微分方程式に基づく自律分散ネットワーク制御技術の枠組みと，その応用例として拡散現象を指導原理としたフロー制御技術[1),2)]について解説する．

5.1　近接作用の考え方に基づく自律分散制御

5.1.1　遠隔作用と近接作用

　物理的なシステムにおいて異なる位置にある対象同士の間に生じる何らかの作用を考えるときに，作用の及し合いの仕方によって**遠隔作用**と**近接作用**の二つの考え方が存在する．遠隔作用とは離れた対象同士が直接的に作用を及ぼし合うと考えるモデルである．別の表現をすると，遠隔作用は作用が瞬間的に伝わることを意味する．一方，近接作用では，離れた対象同士が直接的に作用を及ぼし合うことはなく，作用が直接伝わるのは近隣のみであって，近隣同士間の作用の影響が徐々に空間を伝わっていくことで，離れた対象に作用が到達すると考えるモデルである．

5. 自然界の階層構造に学ぶ自律分散制御モデル

ニュートンの万有引力の法則は，重力が遠隔作用によって伝わると考えているモデルであり，例えば，それぞれ異なる位置 r_1 と r_2 にある質量 m と M の質点の間に働く力の大きさは

$$F(r_1, r_2) = \frac{GmM}{|r_1 - r_2|^2} \tag{5.1}$$

で与えられる（図 **5.1**）．ここで G は重力定数である．

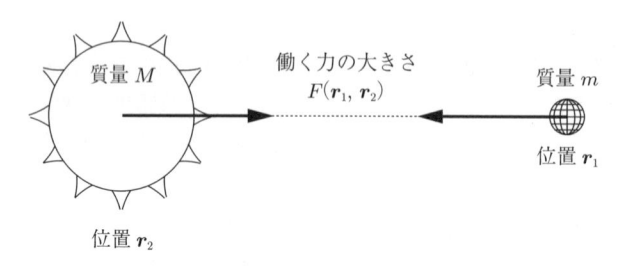

図 5.1 遠隔作用としての重力

暫くの間，読者自身が重力の世界を司る神様になったつもりで，この力の意味を考えてほしい．式 (5.1) のように，異なる地点間に働く力の大きさ $F(r_1, r_2)$ が，質点の異なる位置 r_1, r_2 の関数であるということは，力の大きさ F を決めるときに，二つの質点の位置を（神様が）同時に知っていなければならないことを意味する．イメージをより明確にするため，図 **5.2** のようにシステムの規模をもっと大きくした例を考えよう．ある天体に対して，そのほかの天体から働く重力（の合力）を与えるためには，全ての天体（部分システム）の位置情報（一種の状態情報）を同時に知っていることが必要である．つまり，システムを構成する複数の部分システムについて，それらの現時点での状態を常に

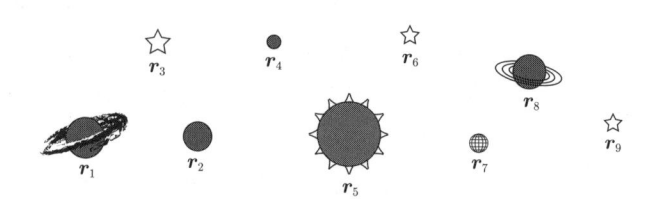

図 5.2 システムの構成要素が多い場合の位置情報

把握した上で及ぼす重力の大きさを決定しているのである．このことを工学的な立場で解釈すると，部分システムの状態情報を収集して現時点の状態を常に把握することができる管理装置（これが神様に対応）が存在し，その装置が全ての部分システムに関する適切な作用を決定した上で，その結果を各部分システムに向けて指示するしくみに対応する．つまり，一種の**集中管理**または**集中制御**的な枠組みになっていることがわかる．

現代の物理学では遠隔作用ではなく近接作用の立場を支持している．そのため，離れた対象同士に働く作用は，作用の局所的な伝播の積重ねで起こるとしている．このようなモデルでは，空間の各点に何らかの物理量があるとする「場」を考え，近隣の点同士でその物理量の変化が起き，その影響が空間各点の近隣同士での作用の伝播を介して空間内を伝わっていくのである．このような場の時間的な変化を適切に記述する枠組みが偏微分方程式である．遠隔作用とは対照的に，近接作用を工学的な立場でみると**自律分散制御**的な枠組みに対応すると解釈することができる．このことについて以下で詳しく考察してみよう．

5.1.2 近接作用と偏微分方程式

近接作用を表す例として，最も簡単と思われる一次元の拡散現象（本章の主題と直接関連する）の例を考えてみよう．図 **5.3** のように，一次元的に伸びたガラス管を考え，その内部を水で満たした上で，ガラス管内部の一か所に黒インクを封入した状況を考えてみる．このとき，インクは時間とともにガラス管全体に拡散し，インクの濃度分布は平滑化していく．ガラス管に沿った位置を

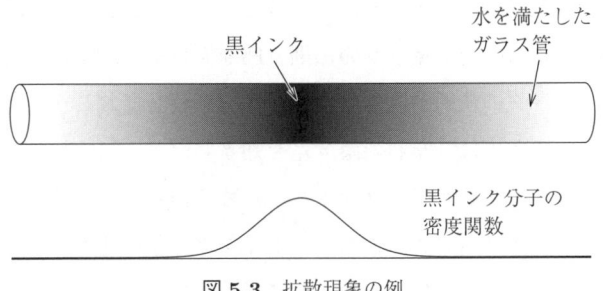

図 **5.3** 拡散現象の例

x で表し,時刻 t においてガラス管の微小区間 $(x, x+dx]$ 内にあるインク分子の数を $\rho(x,t)\,dx$ とする.つまり $\rho(x,t)$ はインク分子の空間的な濃度分布に関する密度関数を意味している.ここで,$\rho(x,t)$ は近接作用を伝播する「場」の役割を担う.また,ガラス管の位置 x,時刻 t における濃度の流れ(右方向を正とする単位時間当りの移動量)を表す一次元ベクトルを $J(x,t)$ としよう.インク分子がガラス管の外には散逸しないとすると,ガラス管の各点での濃度変化はインク分子の移動によるものである.時刻 t において微小区間 $(x, x+dx]$ 内にあるインク分子の数 $\rho(x,t)\,dx$ が微小時間 dt 経過後に増減する量は,微小区間 $(x, x+dx]$ への流れ $J(x,t)$ の流入量と流出量の差から決まるので

$$\rho(x, t+dt)\,dx - \rho(x,t)\,dx = -[J(x+dx, t)\,dt - J(x,t)\,dt]$$

が成り立つはずであり,これを整理すると**連続の式**と呼ばれる以下の式

$$\frac{\partial \rho(x,t)}{\partial t} = -\frac{\partial J(x,t)}{\partial x} \tag{5.2}$$

が成立する.

拡散現象においては濃度の流れ $J(x,t)$ が

$$J(x,t) = -\kappa \frac{\partial \rho(x,t)}{\partial x} \tag{5.3}$$

となることが特徴である.ここで κ は正の定数である.式 (5.3) の物理的意味は,ガラス管の各点は左右のインク分子の濃度差(正確には,インク分子の空間的な濃度勾配)に比例したレートで,濃度の高いほうから低いほうに向けてインク分子を移動させる,ということを表している.式 (5.3) に従った密度関数の移動が生じることを**フィックの法則**(Fick's law)と呼ぶ.

ここで,フィックの法則が成り立つ仕掛けを考察しておこう.当然のことながら,ガラス管の各点は「左右の濃度差を知る」ほど「知性」がある訳ではないので,濃度勾配に比例して流れが生じるための何らかの仕掛けがあるはずである.図 **5.4** はガラス管に入った水分子とインク分子の運動を示していて,白丸が水分子,黒丸がインク分子を模式的に表現している.点線で表された仮想

5.1 近接作用の考え方に基づく自律分散制御

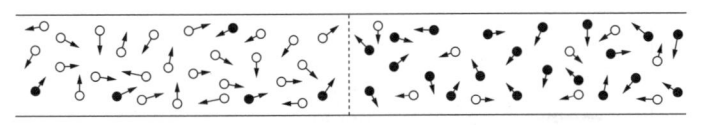

| インク分子が低濃度 | インク分子が高濃度 |

図 5.4　フィックの法則が成り立つしくみ

的な位置に注目し，その左右でインク分子の濃度が異なる状況についての思考実験してみよう．水分子もインク分子もランダムに動いているので，仮想的な点線を通過して黒インクが反対側の領域に移る現象は，左からも右からも起こり，ランダムな分子の動きに関する規則の観点からは左右どちらから移る場合であっても違いはない．ただ，移動するインク分子の量はインク分子の密度に比例するので，左右からのインク分子の流入量を差し引きすると，ちょうど，濃度勾配に比例したレートで濃度の高いほうから低いほうに向かって密度関数の移動が起きているように見えるということになる．つまり，インク分子の流れがフィックの法則に従って左右の濃度差（濃度勾配）に比例して起きることは，水分子やインク分子のランダムな運動の結果である．しかし，後で説明するような工学的応用の観点からは，ランダムな性質がここでの議論の本質ではなく，局所的に濃度勾配（密度勾配）に比例した対象量の移動が実現できるのであれば，それがどのような理由によって実現したものであるかを問わない．したがって，以降ではフィックの法則を前提として偏微分方程式の考察を進める．

フィックの法則 (5.3) を連続の式 (5.2) に代入することにより，濃度分布に関する密度関数の時間発展方程式として

$$\frac{\partial \rho(x,t)}{\partial t} = \kappa \frac{\partial^2 \rho(x,t)}{\partial x^2} \tag{5.4}$$

を得る．これはよく知られた**拡散方程式**である．

拡散方程式は，初期条件としてインクをある一点 x_0 に集中して配置し，濃度分布の初期分布をディラックの**デルタ関数**によって与えると（**図 5.5** 参照），その後は濃度分布が**正規分布**に従いながら時間とともに均一化していく解を持つことが知られている．また，拡散方程式は線形方程式であるので，より複雑な

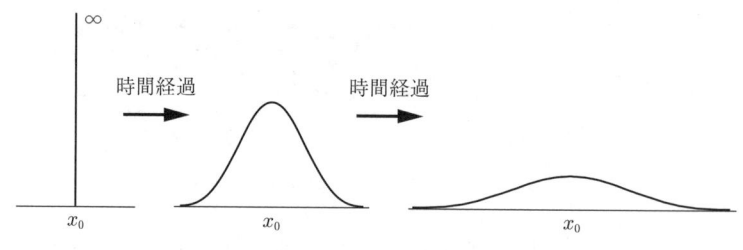

図 5.5 黒インクを一か所に配置したときの
黒インクの濃度分布の時間発展

初期条件に対しても，基本解である正規分布の重ね合わせによって一般的な解が得られる．

5.1.3 偏微分方程式に基づく自律分散制御

このような拡散現象を工学的な立場でみると，以下のように**自律分散制御**の枠組みに対応付けることができる．

- ガラス管の各点は，ガラス管全体（システム全体）に関する情報は持っておらず，局所的な状態情報のみに基づいてあらかじめ決められたルール（式 (5.3)）で近隣の点のみと影響を及ぼし合っている．
- システム全体の情報を知っている存在はなく，離れた点からの直接的な作用もない．
- このような状況にもかかわらず，システム全体の状態は図 5.5 のように大域的に秩序ある振舞いを生み出している．その大域的秩序は偏微分方程式の解で与えられる．

つまり，局所的な状態情報のみに基づいて自律分散的に動作する部分システムが，全体として秩序ある状態を生み出すことができることを示唆している[3]．一般に，自律分散的なシステムでは，部分システムの局所的な動作によってシステム全体がデッドロック状態に陥る可能性も考えられるため，部分システムの自律動作がシステム全体に与える影響を適切に考慮した上で，慎重にシステムを設計する必要がある．近接作用の考え方に基づく自律分散制御の方式設計は，部分システムの自律動作の影響を適切に考慮するための有効な設計法を与

> 1. システム全体の状態が持つべき大域的な性質を考え，そのような性質を備えた解を持つ偏微分方程式を考える（正規分布に従うような秩序ある平滑化の実現を目指す場合，拡散方程式 (5.4) を考えることに対応）．
> 2. その偏微分方程式が記述している（近接作用としての）局所動作規則を考え（式 (5.3) に対応），それを動作ルールとするような部分システムの設計を行う．
> 3. その結果，部分システムは局所的な状態情報のみに基づいて自律分散的に動作するにも関わらず，システム全体の状態を（対応する偏微分方程式の解として）望ましい方向に導く．

図 5.6 偏微分方程式に基づく自律分散制御技術の構成法

えており，その具体的な手順は図 5.6 のようにまとめることができる．

以降では，近接作用の考え方に基づく自律分散制御の具体的な例として，拡散方程式に基づいて部分システムの状態を大域的に平滑化するタイプの制御を解説する．近接作用の考え方に基づく自律分散制御において，平滑化以外の大域的な空間構造を生み出す制御を作ることも可能であり，詳細については文献 4), 5) を参照されたい．

5.2　時間的・空間的スケールと自律分散制御

5.2.1　自律分散制御とスケールの階層構造

近接作用の考え方に基づく自律分散制御では，部分システムは局所的な状態情報のみに基づいて自律分散的に動作する．このとき，局所的な状態情報とはどのような種類の情報となるであろうか．

自律分散制御での各部分システムの働きは，状態情報の収集，収集した情報に基づいた具体的な制御動作の決定，決定した制御動作の実行，という三つのステップからなると考えられる．これらのステップを実行するには時間が必要で，その時間の大きさを制御の時間スケールと呼ぶことにしよう．時間スケールの小さな制御とは，上記の三つのステップが高速で実行される制御であり，逆に時間スケールの大きな制御とは，それなりに時間を掛けて三つのステップを実行する低速な制御である．

いま，ある特定の時間スケールの制御を考えたとき，局所的な状態情報とはその時間スケールでの時間変化がほとんど起こらない情報であるべきである．そうでなければ，制御のステップを実行しているうちに状態が変化してしまい，最新の状態情報に基づいた制御にならないからである．このことから，局所的な状態情報とは，時間スケールが短い制御に関しては時間を掛けずに収集可能な近隣の部分システムの状態情報であり，一方で時間スケールが長い制御に関しては，時間を掛けて収集可能な広範囲の状態情報であって，時間が経過してもあまり変化しない長時間の平均値のような情報がこれに該当する．つまり，局所的な状態情報とは，考える時間スケールによって変化する相対的なもので，ある時間スケールで局所的であっても，より小さな時間スケールで時間的・空間的な分解能を上げていけば必ずしも局所的ではない，ということになる．以上の考察からわかるように，自律分散制御によって大域的に秩序ある振舞いを生み出すことを考えた時点で，システムの制御動作に対して時間的及び空間的なスケールによる階層構造を暗に想定していることになる．

特定の時間スケールの自律分散制御は，それより大きな時間的及び空間的なスケールに対して一種の秩序状態を生み出すことを目的とするが，あらゆる時間的及び空間的なスケールに対する課題を全て根本的に解決するような類のものではない．それぞれの時間スケールでそれぞれの自律分散制御が働き，その効果が互いに補いあって全体のシステムをうまく動作させることができればよいのである．

図 5.7 は人間の行動を例にして時間スケールによる動作の階層分離と，その相補性の例を示したものである．もし誤って沸騰したヤカンに手を触れてしまった場合（図 (a)），最も素早い対処として脊髄反射によって咄嗟に手を離す動作が起こるであろう（図 (b)）．これが，局所的な状態情報に基づいて行われる短時間スケールの動作である．これにより，状況が大事に至るのを防止する．その後，脳を介した時間スケールの長い働きにより，本質的な対処である医療的な治療を行う（図 (c)）．これは，より広範な状況判断の上に，長時間スケールで行われる動作である．両者の制御は互いに得意分野を生かし，互いを補って

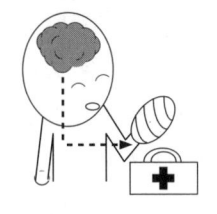

(a) 事故(緊急事態)　　(b) とっさに手を離す　　(c) 医療的処置
　　　　　　　　　　　　　(脊髄反射による行動)　　　(思考の結果の行動)

図 5.7 時間スケールによる動作の階層分離とその相補性の例

全体をよい方向に導いているのである．

5.2.2 自律分散制御の必要性

前項までに自律分散制御と階層構造の枠組みを説明してきたが，これをネットワーク制御技術に適用することで「ネットワーク全体に関する情報を知ることができない環境下であっても，部分システムが部分的な情報のみに基づいて自律動作することにより，ネットワーク全体を適切に制御する技術」の実現が期待できる．このような自律分散制御の枠組みを考えることが必要な理由は，以下の二つの異なる技術的背景に求めることができる．

一つ目は，ネットワークの高速化によって制御遅延がネットワーク性能に与える影響が増大することに対して，ネットワーク全体の情報を収集することなく部分的な情報のみに基づいて高速動作する短時間スケールの制御機構の実現が求められることである．二つ目は，ネットワーク全体の情報交換が制限されるモバイルアドホックネットワークなどの自律分散的に構成されるネットワークにおいて，部分的な情報で動作する制御機構が求められることである．

ここでは，ネットワークの高速化に関する課題を例に若干の補足をしておく．ネットワークが高速化すると，ノードの高速動作を特徴付ける短い時間スケールにおいて，各ノードが収集可能な状態情報は非常に限られたものになる．これは，遠くのノードの状態情報を収集するにはある程度の時間が必要で，高速ネットワークでは短時間で状態が激しく変化するため，ノードの制御動作を決

定するときに参照する情報としては古すぎる情報となってしまうからである．この意味で，ネットワークの高速化によってネットワーク全体に関する現時点の状態情報を知ることが困難になっていき，各ノードが局所的な状態情報しか知ることができないという意味で情報的に孤立する状況を招くのである．

このため，高速ネットワークで適切に動作する制御を実現するためには，制御技術が以下の要求を満たす必要がある．

- できる限り短い制御遅延を実現しなければならない．
- 制御に必要なネットワークの状態情報は収集可能なものでなければならない．

ネットワークの大域的なトラヒック制御の課題に対する多くの研究は，数理計画問題として定式化され，ネットワークの広範囲にわたる状態情報が収集可能であることを前提にしている．この枠組みを非常に短い制御遅延の制御に適用する場合，厳しい時間制約の中で集中制御を実行することに対応し，現実にはその前提が実現できない可能性がある．また，数理計画問題の求解には十分な時間が必要なので，高速ネットワークに要求される非常に短い制御遅延を満足することが難しい．

以上のことから，近接作用に基づく自律分散制御によって，部分システムが自身が取得可能な状態情報のみによって自律動作し，それがシステム全体を望ましい方向に導くことができれば，高速で動作する大規模複雑ネットワークに対しても有効に機能する制御の構築が期待できる．

5.3 拡散型フロー制御技術

ここでは，偏微分方程式に基づく自律分散制御技術によるネットワーク制御技術の一例として，フロー制御への応用例を解説する．

5.3.1 拡散型フロー制御技術の構成法

拡散型フロー制御（Diffusion-type Flow Control，以下DFC）とは，各ノー

ドが局所情報に基づいて自律動作をすることで，ノード内に滞在するパケット数の分布をネットワーク全体に均一化し，特定のノードでの輻輳発生を抑制することを目的としたものである．いま，ネットワーク内のあるフローに沿った一次元の部分ネットワークに着目し，図 5.6 の偏微分方程式に基づく自律分散制御技術の構成法に従って，DFC の基本動作を考察してみよう．

まずは原理的な説明をするために，ネットワークモデルとして連続的な一次元空間を考えよう．図 5.6 の第一ステップとして，輻輳発生時にパケットが一箇所のノードのみに集中せずに，周囲のノードが協力することでパケットの集中を回避するような（フローの経路上のパケット密度を拡散するような）特性を考え，混雑の緩和としてパケット密度が拡散方程式 (5.4) に従うことを要請しよう．第一ステップにおいて採用する偏微分方程式は，インクの拡散の例で使った拡散方程式と同じものであるが，パケット密度の拡散には重要な違いが存在する．図 5.5 の例ではガラス管中の水は流れておらず，もし水が流れたとするとインクの分布も一緒に流されてしまう．一方，DFC ではパケット密度が拡散方程式に従って拡散するにあたって，仮に混雑の中心位置は移動しなくてもパケット自体は流れていることが望ましいのである．このことを，図 5.8 に示した高速道路で発生する自動車の渋滞の例で説明する．これは，渋滞発生箇所周辺で自動車の速度が下がって自動車の密度が高くなっていることを示す図であるが，たとえ自動車の密度関数の形が時間とともに変化しなかったとしても，自動車は流れていて密度関数を構成する自動車は次々と入れ替わっている．DFC でも，混雑時にパケット密度を拡散させる状況下で大域的に一定のスループットを確保するためには，個々のパケットは流れていてパケット密度の分布を形作っているパケットが次々と入れ替わっていることが必要なのである．

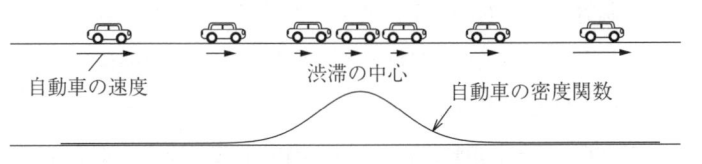

図 **5.8** 高速道路で発生する自動車渋滞の例

このことを考慮した上で図5.6の第二ステップとして，連続の式(5.2)から局所動作規則を求めると

$$J(x,t) = r - \kappa \frac{\partial \rho(x,t)}{\partial x} \tag{5.5}$$

となる．ここでrはネットワークの入り口から流入するパケットのレートである．これを図5.5の例と比較して説明を加えると，インクの例では水の流れが無いため，拡散方程式(5.4)の**境界条件**として

$$\rho(x,t)|_{x=\pm\infty} = 0, \quad J(x,t)|_{x=\pm\infty} = 0$$

を採用していたが，DFCに対してはパケットの流れが存在することから

$$\rho(x,t)|_{x=\pm\infty} = 0, \quad J(x,t)|_{x=\pm\infty} = r$$

としたことに対応する．

引き続き図5.6の偏微分方程式に基づく自律分散制御技術の構成法に従い，局所動作規則(5.5)から各ノードの動作ルールを設計しよう．このためには，実際の一次元ネットワークが数学的な数直線の構造ではなくノードが離散的に並ぶ構造であることを反映し，局所動作規則(5.5)を離散化した差分方程式によって個々のノードの動作ルールを決定することになる．

まず局所動作規則(5.5)の構造を詳細に分析することから始めよう．式(5.5)の右辺第一項のrは，ネットワークのエンド–エンドで流すことができる大域的なパケットの送信レートを表し，それに対して右辺第二項の$-\kappa\partial\rho/\partial x$はパケットの混雑状況に応じて局所的にパケット送信レートを増減させる効果を持つ．そのため，動作ルールとして考えると式(5.5)の右辺第一項はネットワークのエンド–エンドに関する大域的な制御動作に対応し，右辺第二項はノード単位の局所的な制御動作に対応する．各ノードで，大域的に送信可能なレートrに対して，ノードでの混雑状況に応じて送信レートに局所的にアクセルをかけたりブレーキをかけたりするのである．

以上をふまえて，ノードの動作ルールを具体化してみよう．あるフローに沿って一次元的に連結したノードi $(i=1,2,\cdots,n)$を考える（図**5.9**）．各ノー

5.3 拡散型フロー制御技術

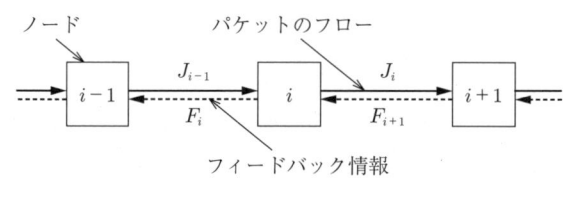

図 5.9 ノードの動作モデル

ドは下流ノードからのフィードバック情報と自ノードの情報から，下流ノードへのパケット送信レートを自律的に決定するとしよう．具体的な制御動作は以下のようになる．

ノード i は，時刻 t における下流ノード $i+1$ へのパケット送信レート $J_i(t)$ を自分が知り得る情報のみに基づいて決定し，パケットの送信を行う．また，上流ノード $i-1$ に向けてノード i の情報 $F_i(t)$ をフィードバックする．上流ノード $i-1$ に向けたフィードバック情報 $F_i(t)$ の通知は，あらかじめ定められた時間間隔で行う．パケット送信レート $J_i(t)$ の決定は，下流ノード $i+1$ から通知される情報 $F_{i+1}(t)$ の到着ごとに実行する．パケット送信レート $J_i(t)$ は

$$J_i(t) = \max(0, \min(L_i(t), \tilde{J}_i(t))) \tag{5.6}$$

$$\tilde{J}_i(t) = r_i(t) - D\left(p_{i+1}(t) - p_i(t)\right) \tag{5.7}$$

と決定する．ここで，$p_i(t)$ は時刻 t でノード i に存在するパケット数，$r_i(t)$，$p_{i+1}(t)$ は下流ノード $i+1$ からのフィードバックにより通知される情報で，それぞれ下流からの指示レート，下流ノード内のパケット数を表し，$L_i(t)$ はノード i から $i+1$ に向かうリンクの利用可能帯域である．また $D\,(>0)$ は定数である．一方，ノード i が生成するフィードバック情報 $F_i(t)$ は $F_i(t) = (r_{i-1}(t), p_i(t))$ からなる二つの情報を含み，これを上流ノード $i-1$ に通知する．ここで，$r_{i-1}(t) = J_i(t)$ とする．フィードバック情報のうちの $r_{i-1}(t)$ は下流ノードの送信レートを知るために必要である．$p_i(t)$ は下流ノードの送信レートに対して局所的にアクセルまたはブレーキをかけるためのものであり，局所動作規則 (5.5) 右辺第二項の微分に対応した式 (5.7) 中の差分操作を行うために必要である．式 (5.6) は実

際の送信レートが当該フローで利用可能なリンク帯域 $L_i(t)$ 以下の非負の値となるように制限を行う操作を示している．

あるノードに複数のフローが存在する場合，物理的なリンク帯域 L をそれぞれのフローで利用可能なリンク帯域 $L_i(t)$ に分割して使用することになるが，この分割を各フローの待ちパケット数 $p_i(t)$ に依存した重みをつけて実行することで，多くのパケットが溜まっているフローに対して優先的に大きなリンク帯域を割り当てることができる．送信レートが物理リンク帯域のような固定値となっている場合，送信レートにアクセルをかける（送信レートを増加させる）操作はできないが，複数フローが混在している場合は互いにリンク帯域を融通しあうことでアクセルの操作が可能になる．これによって，フローの下流に向けてパケット密度の拡散が起こることになる．

以上がノードでの局所的な動作ルールであるが，これに加えて局所動作規則 (5.5) 右辺第一項に対応したエンド–エンドの制御を考える必要がある．これは，フローの経路上の最小の利用可能帯域を送信側に伝えて，送信側で送信レートを調整すればよい．そのために，各ノードでは下流から最小利用可能帯域の情報がフィードバックされるしくみを入れ，フィードバックされた帯域情報と自ノードの利用可能帯域の小さいほうの値を上流ノードにフィードバックすることで，最終的に送信側に経路上の最小利用可能帯域を知らせることができる．

なお，離散化によって導いたノードの動作ルールは一意ではなく，連続極限で元の局所動作規則 (5.5) に帰着するものの範囲で選ぶ自由度がある．どのように動作ルールを設計するかは実装の容易性などの外部条件を考慮して決めればよい．また，複数フローへの対応やネットワーク入り口での送信レート制御を含む DFC の動作の詳細については文献2),6) を参照されたい．

各ノードの局所的な動作ルールは，輻輳に伴うノードでの待ちパケット数が一か所のノードに集中しないように複数ノードで協調した平滑化を実現する．これは図 5.7 における短時間スケールでの応急処置に対応する．輻輳の根本的な原因の除去には，ネットワークの最小利用可能帯域に合わせてネットワーク入り口での送信レートを制御する必要がある．これは比較的時間スケールの長

い制御であり，異なる時間スケールの制御が互いの特徴を補完しながら動作する階層制御の例になっていることがわかる．

5.3.2 拡散型フロー制御技術の動作特性

DFC による輻輳回避効果を示すため，各ノードに存在するパケット数の時間変化をシミュレーションによって評価した結果を示す．シミュレーション評価のシナリオは以下の通りである．図 **5.10** に示した 30 ノードからなる一次元ネットワークを考え，対象フローと背景フローの二本のフローを流す．対象フローはノード 1 からノード 30 に向かうものとし，背景フローはノード 15 から入力してノード 30 に向かうものとした．リンクの遅延は $0.1\,\mathrm{ms}$，帯域は $12\,\mathrm{Gbps}$，パケットサイズは $1500\,\mathrm{byte}$ である．対象フローは時刻 $t = 0\,\mathrm{s}$ で開始し，その後 $t = 0.1\,\mathrm{s}$ で背景フローを開始する．両フローは初期状態ではリンク帯域に合わせたレートでパケットを送信するが，背景フローの入力後，ノード 15 から 16 に向かうリンクがボトルネックとなり，DFC の動作によって両フローのトラヒックが制限される．

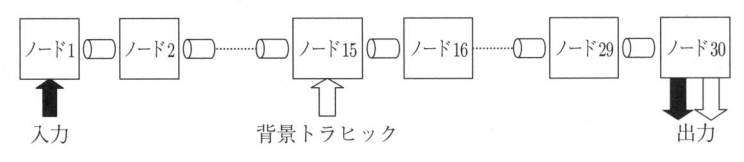

図 5.10 シミュレーションモデル

図 **5.11**(a) は $D = 0.4$ のときの対象フローの評価結果を示している．横軸はノード番号（1〜29）で，縦軸はそのノード内に存在する対象フローのパケット数を示す．グラフ内にはシミュレーション時刻を表示している．図 (a) の DFC では各ノードが局所情報に基づいて自律的に動作しているが，あたかもノード全体が協調しているかのように動作し，特定ノードへのパケットの集中を防いでパケットロスを回避している．図 (b) は比較のために通常の TCP のウィンドウ制御によるフロー制御の評価結果を示したものであり，ボトルネックとなるノード 15 のみに大量のパケットが溜まり，ノード間の協調はみられない．最

(a) DFCを用いた場合の評価結果

(b) TCPのウィンドウ制御によるフロー制御の評価結果

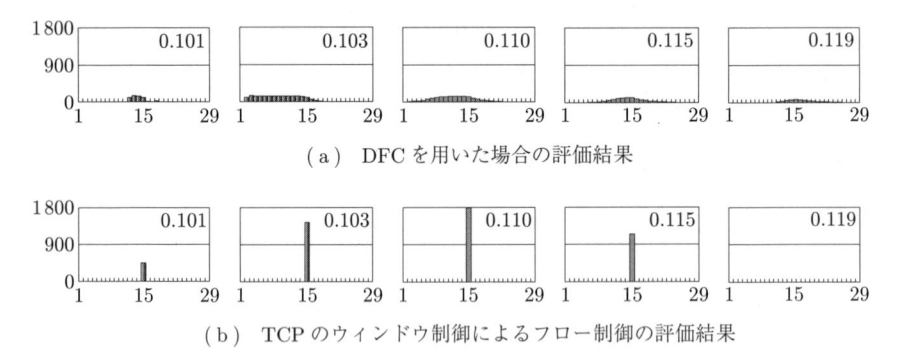

図 **5.11** ノード内パケット数分布の時間変化

終的にパケットロスが発生してTCPが送信レートを低くすることにより輻輳が解消している.

　混雑時に上流ノードの送信レートを減少させる制御は一般に**バックプレッシャー制御**と呼ばれ,これまでにも多くの方式提案がある.DFCはその機能の一部にバックプレッシャー制御的な動作を含むが,DFCの特徴は局所的な送信レート制御が大域的にどのような影響を与えるのかを考慮して制御方式を設計していることにあり,そこでは偏微分方程式が中心的な役割を果たしている.高速道路での不用意なブレーキ操作が思わぬ渋滞を引き起こすのと同様に,局所的なレート制御も全体の秩序を考慮して行う必要があるのである.

第6章
自然界のダイナミクスに学ぶ情報ネットワーク機能

　第4章では生命のしくみに学んだ情報ネットワーク機能が議論されたが，本章では，固体電子系という一見すると無機質なシステムにおいても，**解探索**や意思決定という「知的」な情報処理機能が実現し得ることを示す．このような研究は，物理系が従う法則や拘束条件をうまく活用する計算デバイスの開発を志向していることから，「**nature-inspired computing**（自然現象から着想を得たコンピューティング）[1]」と呼ばれる研究分野の中に位置付けることもできる．その本質は，物質の中に見出されるネットワーク構造が開放系として環境と相互作用することから生じる情報処理機能の探求であり，本書全体に通底する「ネットワークと開放系」という概念とも深く関連した研究であるといえる．第1章や第2章で議論された「**組合せ爆発**」を伴う最適化問題の解探索や，不確実な環境下で素早く適切な判断をする意思決定の問題は，従来の情報処理アーキテクチャが苦手としてきた課題であり，それらを克服できる新たなアーキテクチャの提案が望まれている[2]．とりわけ，**意思決定問題**は無線ネットワークの周波数割当ての最適化など，情報ネットワークの重要課題と等価な状況を抽象化している．

　本章では，具体例として，量子ドットと呼ばれるナノ微粒子の配列とその間で輸送される光エネルギーを介した相互作用（ネットワーク）を活用することで，①制約充足問題，②**充足可能性問題**，③意思決定問題の解決が可能であることを示す．

6.1　固体光電子系におけるネットワーク

　図 6.1 のように半径がそれぞれ R_S と $R_L = 1.43 R_S$ である球形の**量子**ドット QD_S と QD_L を微小間隔で配置したシステムに光を照射すると，QD_S の $(1,0)$

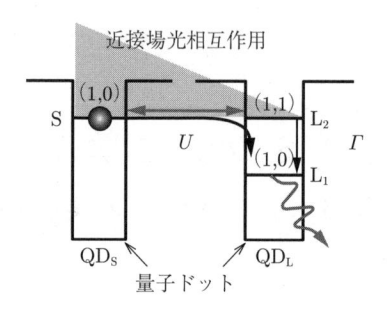

図 6.1 ナノシステムにおける相互作用ネットワークを用いた解探索機能の基礎となる物理：ナノ微粒子（量子ドット）間の近接場光相互作用を介したエネルギー移動

準位（図 6.1 中の S）に生じた光エネルギーは，QD_S と QD_L の間に生じる相互作用（近接場光相互作用と呼ばれる）を介し，QD_L の (1,1) 準位（同図 L_2）へと確率的に遷移する[3]．

QD_L では (1,1) 準位の下方に (1,0) 準位（同図 L_1）が存在し，上準位から下準位へのエネルギーの散逸は量子ドット間の相互作用よりも相対的に速いので，QD_L に移動した光エネルギーは下準位に緩和する．このようにして，光エネルギーは QD_S から QD_L へと確率的に移動する．ただし，エネルギー移動の行き先となるエネルギー準位 L_1 がすでに占有されているときは（**状態占有効果**（state-filling effect）と呼ばれる），QD_S の光エネルギー移動は行き場を失い，エネルギー準位 S から輻射緩和する確率が高くなる[3]．この性質は，量子ドットの個数の増大と，配列の複雑化に伴い，光エネルギーの流れ方に多様性をもたらすことになるが，光エネルギーは，「自律的」に最も効率のよいルートをたどって流れていく．こうした「**自律性**」は相互作用の欠損などのエラーに対する耐性（**ロバストネス**）の向上にも寄与する特徴である[4]．また，このような量子ドットのネットワークでは，エネルギーが散逸する開放系としての特徴が積極的に活用されている．これらの特徴から，情報ネットワーク設計制御に対する有益な指針が得られると期待されており[4]，それらを研究する「ナノコミュニケーションネットワーク（nano communication networks）」と呼ばれる新分野が形成されつつある[5],[6]．

6.2 制約充足問題の解決

QD_S の周囲を N 個の QD_L が取り囲む構造を考える．このとき，外部環境による QD_L の下準位の占有状況の違いに応じて，QD_S から QD_L へのエネルギーの流れ方は異なる．単純なシステムながら，相互作用のネットワークの存在と開放性によってエネルギーの流れ方は多様化し，合計で 2^N 個のパターンが存在することになる．この特徴を，組合せ爆発を伴う解探索問題に応用する．

ここでは，物質におけるネットワークを用いた解探索の原理を最も簡潔に示す例として，論理式 $x_i = \text{NOR}(x_{i-1}, x_{i+1})$ を全て充足する N 個の変数 $x_i (i = 1, \cdots, N)$ を求める**制約充足問題**（Constraint Satisfaction Problem：CSP）を考える．$i = 1, N$ に対しては制約条件は $x_1 = \text{NOR}(x_N, x_2), x_N = \text{NOR}(x_{N-1}, x_1)$ である．エネルギー供給源となる寸法小の量子ドット QD_S と相互作用する範囲に置かれる寸法大の量子ドット QD_{Li} からの発光を $x_i = 1$ と対応付ける．x_i から発光が観測されれば，与えられた制約条件に基づき，x_{i-1} 及び x_{i+1} の発光は抑制される必要がある．これを QD_{Li-1} 及び QD_{Li+1} に生じるステートフィリングと対応させ，QD_S から QD_{Li-1} 及び QD_{Li+1} への光エネルギー移動が生じにくい状況に発展させる．ここで，QD_{Li} のステートフィリングに応じて，光エネルギー移動のパターンが変化すること，並びに，QD_{Li} にステートフィリングが生じた場合にも，光エネルギー移動は確率的であり，QD_{Li} への光エネルギー移動が完全に阻害されるとは限らないことに注意する．これにより解空間の「探索」が可能となり，デッドロック状態に停留し続けることなく，制約を充足する解に到達することができる．

図 6.2 に $N = 4$ の場合のシステムの基本構造を示す．初期状態 $\{x_1, x_2, x_3, x_4\} = \{0, 0, 0, 0\}$ を起点に，各ステップにおいて密度行列に基づくマスター方程式[3]で算出した光エネルギー移動の確率に基づいて制御光の制御の空間パターンを更新する．図 6.3，図 6.4 に示すように，条件を充足する解に相当する $\{x_1, x_2, x_3, x_4\} = \{0, 1, 0, 1\}$ 及び $\{1, 0, 1, 0\}$ の出現確率が高い状況に収束

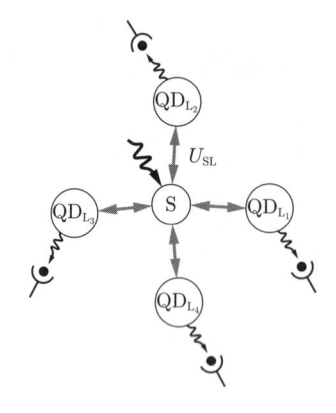

図 6.2 寸法小及び寸法大の量子ドットからなるシステムと量子ドット間の相互作用のネットワーク

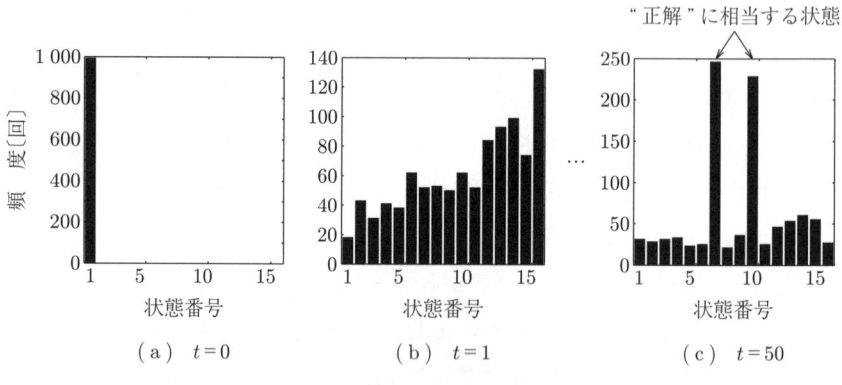

(a) $t=0$

(b) $t=1$

(c) $t=50$

"正解"に相当する状態

図 6.3 制約充足問題の解探索 1

$\{x_1, x_2, x_3, x_4\} = \{0, 1, 0, 1\}$ (状態番号 7)

$\{x_1, x_2, x_3, x_4\} = \{1, 0, 1, 0\}$ (状態番号 10)

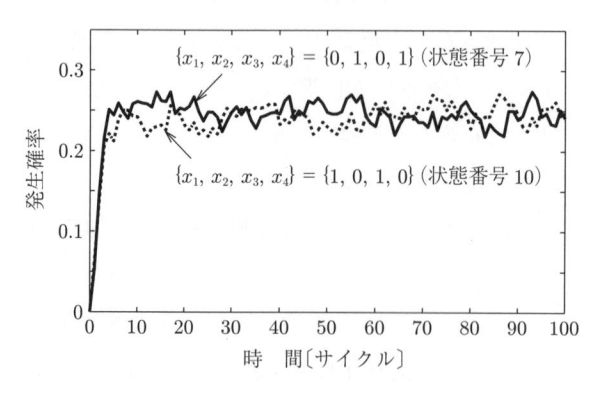

図 6.4 制約充足問題の解探索 2

している.なお,フィードバックゲインに相当するパラメータを制御すると,求解の成功確率を最適化できる.このような要領で,量子ドットのネットワークにより自律的に CSP の解を探索することができる[7].

6.3　充足可能性問題の解決

充足可能性問題 (Satisfiability Problem : SAT) とは,与えられた論理式を充足できるような変数の真偽値割当てが存在するか否かを判定する問題である.SAT は 6.2 節で扱った問題よりも困難な **NP 完全問題**と呼ばれ,多項式時間で解を得るアルゴリズムが知られていない.また,全ての NP 問題は SAT に多項式時間で還元可能である.このため,SAT は情報通信技術における重要な基礎問題として知られ,自動推論,ハードウェア設計検証,情報セキュリティなど幅広い応用分野に適用され得る.6.2 節の基本的アイデアを発展させることで,SAT の解探索が可能であることが示されている[8].

各変数 x_i は真 (1) と偽 (0) の 2 値を取り得る.そこで,各変数につき 2 個の量子ドット,すなわち「$x_i = 1$ を表現する量子ドット」と「$x_i = 0$ を表現する量子ドット」を配置し,N 変数の問題に対して $2N$ 個の量子ドットが近接場光相互作用を介してネットワーク化されたシステムを考える.ここで,6.2 節で例示したフィードバックルールは「x_i から発光が観測されれば,x_{i-1} 及び x_{i+1} の発光を抑制する」というものであったが,SAT におけるフィードバックルールは,つぎのような基本的着想に従い,問題インスタンス(論理式)ごとに定義される.例として,
$\phi = (x_1 \vee \neg x_2) \wedge (\neg x_2 \vee x_3 \vee \neg x_4) \wedge (x_1 \vee x_3) \wedge (x_2 \vee \neg x_3) \wedge (x_3 \vee \neg x_4) \wedge (\neg x_1 \vee x_4)$
という 6 個の節の論理積によって構成される論理式を考える.この論理式 ϕ は,$\phi = 1$ を実現できる唯一の解 $(x_1, x_2, x_3, x_4) = (1, 1, 1, 1)$ を有する.ここで,システムが $x_1 = 0$ という割当ての選択を試みたとする.このとき,ϕ の第一の節 $(x_1 \vee \neg x_2)$ を 1 とするには「x_2 が 1 であってはいけない」.なぜなら,$x_2 = 1$ のとき第一の節は偽 (0) となってしまい,したがって論理式全体を充足できない ($\phi = 0$) からである.同様に,例えば第 3 の節 $(x_1 \vee x_3)$ を 1 とするために

は「x_3 が 0 であってはいけない」．以上のように，所与の論理式から，各変数の値に応じたフィードバック則を生成し，それらに基づくフィードバック制御を適用し，全ての量子ドットの状態を同時に更新する．このような状態更新を繰り返すダイナミクスにより，SAT の解探索が可能となる．以上の概念に基づいた方法を，量子ドット間の相互作用ネットワークを基礎とすることにちなんで Nanophotonic Problem Solver（NanoPS）と名付けた．NanoPS の基本構成とダイナミクスの概念図を図 **6.5** に示す．

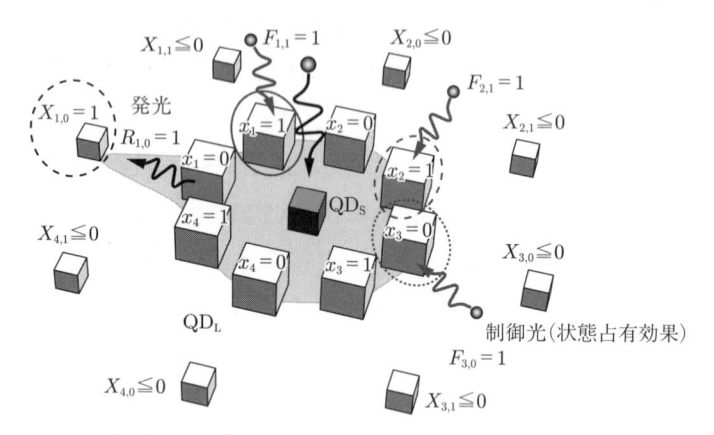

図 **6.5** 量子ドット間の相互作用ネットワークを用いた SAT ソルバー（NanoPS）の基本システム構造とダイナミクスの概念図

SAT のオンラインライブラリ「SATLIB」[9] で公開されているベンチマーク問題を対象とし，NanoPS と従来最速の確率的局所探索手法の一つである「WalkSAT」[10] と呼ばれるアルゴリズムを用いて解を探索するモンテカルロシミュレーションを行い両者の性能を比較した．図 **6.6** で示されているように，NanoPS は WalkSAT よりも桁違いに速く解を発見できる[8]．

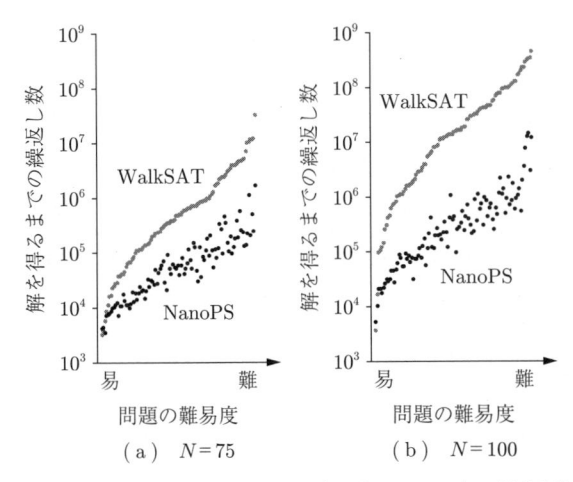

図 6.6 NanoPS と従来アルゴリズム（WalkSAT）の性能評価

6.4 意思決定問題の解決

複数のスロットマシンがあり，それぞれが確率 P_i で報酬を出すとする．報酬確率に関する事前知識を持たないプレーヤーが最大の報酬を獲得するには，どのような戦略でプレイするマシンを決定すればよいだろうか．このような状況は，**多本腕バンディット問題**（multi-armed bandit problem）という数学的問題として定式化されている．そこには，どのマシンをプレイするのが有利かを調査するための「探索（exploration）」と，現状で有利と考えるマシンをプレイし続ける「利用（exploitation）」のジレンマ（トレードオフ）が存在する（**explore-exploitation dilemna**）[11]．多本腕バンディット問題は，不確実環境下での意思決定に共通する普遍的な課題を抽象化しており，情報ネットワーク技術では，有限資源の効率的分配と関連するさまざまな応用に適用されている．具体例として，無線通信網の基地局における周波数割当ての最適化[12),13]やWebサイトにおける広告提示パターンの最適化[14]などがあげられる．

多本腕バンディット問題を 6.1 節に示した固体電子系のネットワークを用い

て解決することを考える．簡単のためにスロットマシンは2台とし，マシンAとBの報酬確率をそれぞれ P_A, P_B とする．

一辺の長さがそれぞれ a, $\sqrt{2}a$, $2a$ である3種類の立方型形状の量子ドット（QD）（おのおのS–，M–，L–QDと呼ぶ）を「L–M–S–M–L」のように一列に並べる（図6.7）．Sに注入された光エネルギーはQD間の相互作用ネットワークを介して遷移し，L–QDの最低準位より輻射される（M–QDからの輻射の確率は非常に小さい）．ここで，左右のL–QDの最低準位に外部から光照射によって状態占有効果を生じさせると，左右のM–QDの最低準位からの輻射確率が変化する．左のM–QDから光が観測されればスロットマシンAをプレイし，右のM–QDから観測されればスロットマシンBをプレイするものとする．このとき，各スロットマシンから報酬が得られたか否かに依存して対応するL–QDの最低準位に供給する外部光の強度を変化させると，S–QDに入力された光エネルギーが，左右のL–QD間であたかも綱引きされるかのような状況が作り出される．こうした試行錯誤の結果として，最終的にはいずれかのM–QDより出力が観測されることになる．こうした綱引きの運動に類似したダイナミクスは，多本腕バンディット問題を効率的に解くことができる[15]．更に，この「綱引きダイナミクス」は，上述の固体電子系という実際の物質により実装することが示されている[16]．このアプローチをナノ寸法の光のネットワークを基礎としていることにちなんでNanophotonic Decision Maker（NanoDM）と呼ぶ．

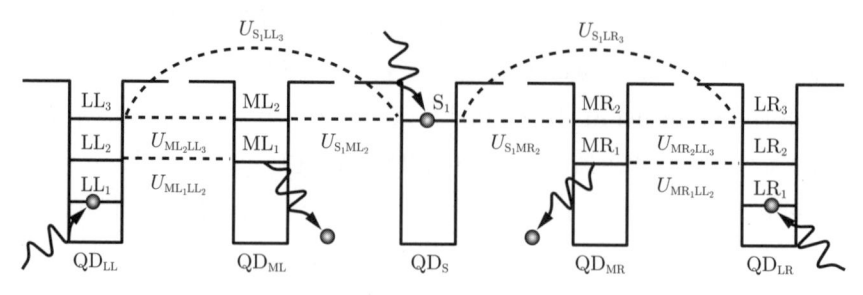

図6.7 量子ドット間の相互作用ネットワークを用いた意思決定システム（NanoDM）の基本システム構造

報酬確率を「$P_A = 0.2$, $P_B = 0.8$」,「$P_A = 0.4$, $P_B = 0.6$」と設定した問題に対して,NanoDM と従来知られている最も性能のよい意思決定アルゴリズムの一つである Softmax 法[11]の性能比較を行った.図 **6.8** のように,NanoDMは Softmax 法よりも優れた性能を有している.また,図 **6.9** においては,時刻3 000 と 6 000 でスロットマシンの報酬確率が入れ替わっている.このような環境の変化に対しても,NanoDM は高い適応能力を示し,新たにより高い報酬確

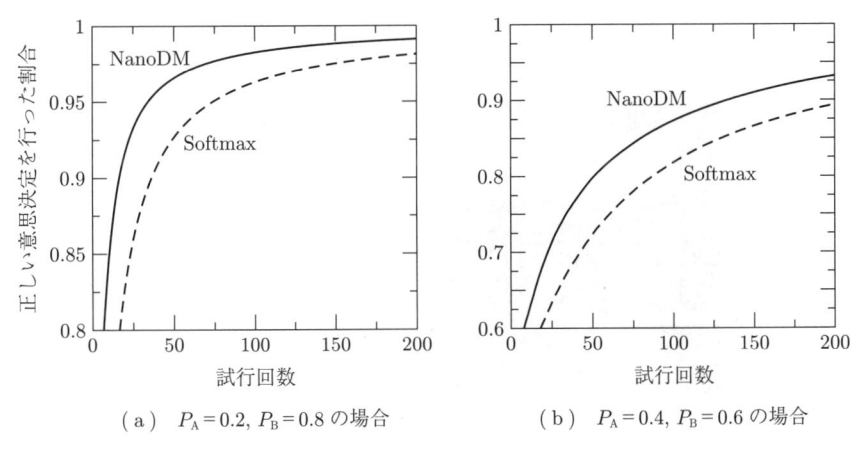

(a) $P_A = 0.2$, $P_B = 0.8$ の場合　　　(b) $P_A = 0.4$, $P_B = 0.6$ の場合

図 **6.8** NanoDM と従来アルゴリズム(Softmax)の性能評価

$P_A = 0.4$　→　$P_A = 0.6$　→　$P_A = 0.4$
$P_B = 0.6$　　　$P_B = 0.4$　　　$P_B = 0.6$

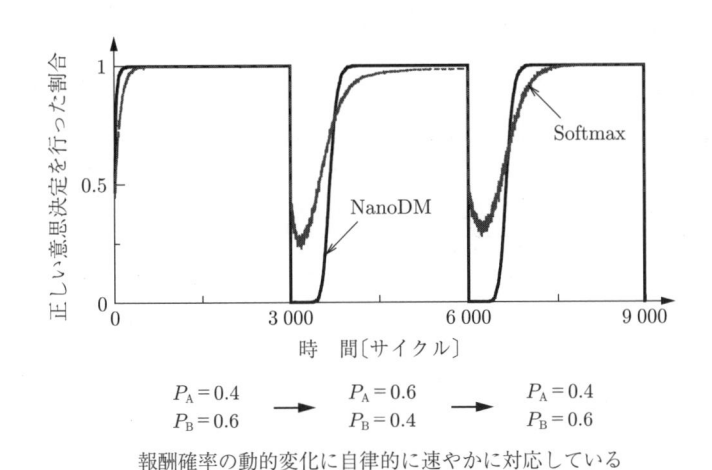

報酬確率の動的変化に自律的に速やかに対応している

図 **6.9** 不確実環境下での意思決定

率を持つようになったマシンを素早く自律的に発見することができる[16]．

更に，実際の量子ドットを用いた原理確認実験が示されている[17]．具体的には，直径 2.5 nm 及び 3.2 nm の CdSe/ZnS コアシェル量子ドットを形状加工した基板上に分散させたデバイスを作製し（**図 6.10**），デバイス中の局所領域への光照射の制御は，空間光変調器（SLM）上に表示した計算機ホログラム（CGH）によって実現している．**図 6.11** に実験結果の一例を示す．150 サイクルごとにスロットマシンの報酬確率を入れ替えているが，システムは自律的に環境変化を察知し，正しい意思決定を素早く実現している様子がわかる．

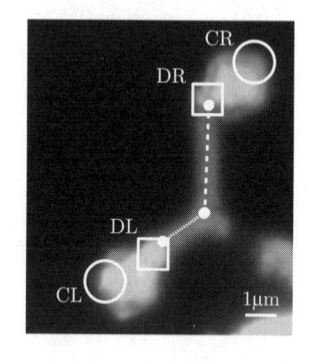

図 6.10 量子ドットを用いた意思決定デバイス外観図

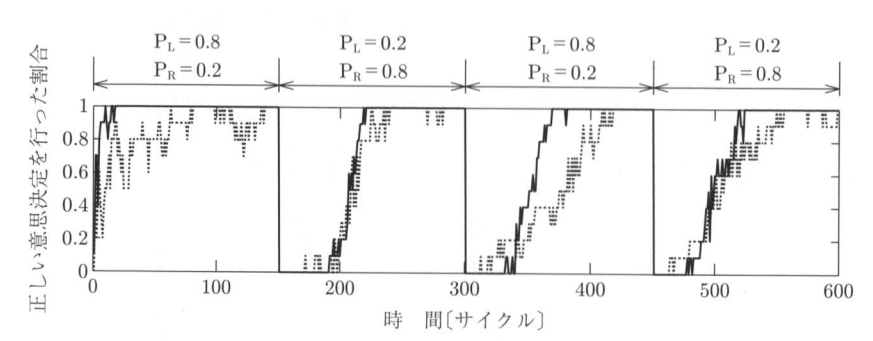

実線：$P_L=0.8$, $P_R=0.2$，以下 150 サイクルごとに入れ換えの場合
点線：$P_L=0.6$, $P_R=0.4$，以下 150 サイクルごとに入れ換えの場合

図 6.11 NanoDM の実験デモンストレーション
（不確実環境下での自律動作の実証）

第3部 リアルワールド情報ネットワーク科学

第7章
情報ネットワークと消費エネルギー

　今後の情報ネットワーク科学において「消費エネルギー（消費電力）」の観点は重要な課題であり，本章ではその基礎を外観する．情報通信ネットワーク技術は社会の省エネルギー化に大きな貢献をすると期待されている．光技術はアクセス系，メトロ/コア系を問わずネットワークの低消費電力化，更には，コンピュータ，データセンタの低消費電力化を進める上で重要な役割を演じる．光技術は通信ネットワークの継続的な発展にとって，通信の大容量化のみならず低消費電力化においても必須の技術であり，今後更なる発展が期待される．本章の前半では情報ネットワーク全体の消費電力について概観し，後半では個々の技術課題について詳しく述べる．

7.1　情報ネットワークの消費エネルギー

　ICTとエネルギーの課題を考える場合，ICT自体の省エネルギー化の課題（**green of ICT**と呼ばれる）とともに，ICTの進展が社会の省エネルギー化に解決策の一つを与えるという（**green by ICT**と呼ばれる）二つの側面を考慮する必要がある．例えば，2020年における世界のICT関連のCO_2排出量は全体の排出量の2.7%，ICTによるCO_2排出量の削減効果は15%程度という見積りがある[1]．また，日本におけるICTによる全エネルギー消費量削減効果は2012年度に5%程度[2]，2025年で約10%程度[3]との試算もある．すなわちICTの発展は，将来的に社会全体のエネルギー消費を大幅に削減できる可能

性を有している.本章ではICT自体のエネルギー消費に焦点を当てる.また,ICTに関するエネルギー消費の環境へのインパクトを論じる場合,例えばICT機器について,その製造課程,輸送課程,使用課程,廃棄(再利用)課程などの全てのサイクルにおける影響を評価する尺度(life cycle assessment[4]と呼ばれる)もあるが,以下ではICTの使用フェーズにおけるエネルギー消費すなわち電力消費についておもに議論することにする.ICT関連の電力消費の値に関しても各種の試算があるが,先進国では全発電電力の5〜8%程度と見積もられている.日本においてはICTの電力消費の中で通信ネットワーク関連は約50%程度,全消費電力の約2〜3%を占めると見積もられている[2].

ICTの中で重要な要素となる,**データセンタ**,コンピュータ,通信ネットワークの世界における電力消費の状況を**図7.1**に示す[5].電力消費の増加率は年率7%程度であり,世界の総発電量の伸び率約3%を大きく上回って増加している.**図7.2**にドイツテレコムが試算した通信キャリアのネットワークの消費電力の推移[6]を示す(年率50%のトラヒック増を仮定).将来的に課題となる消費電力の伸びに注目すると,データセンタの消費電力並びにレイヤ3(L3)バック

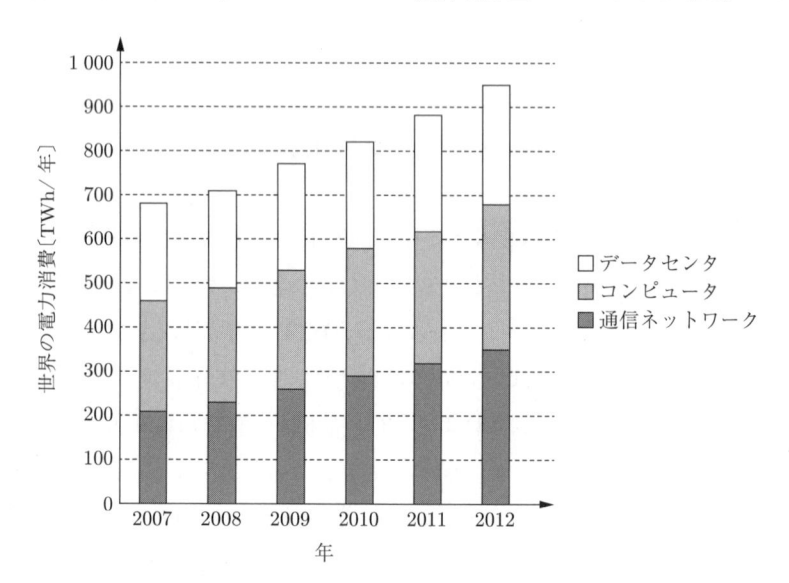

図7.1 ICTにおける世界の電力消費の状況

7.2 通信ネットワークの消費電力　　117

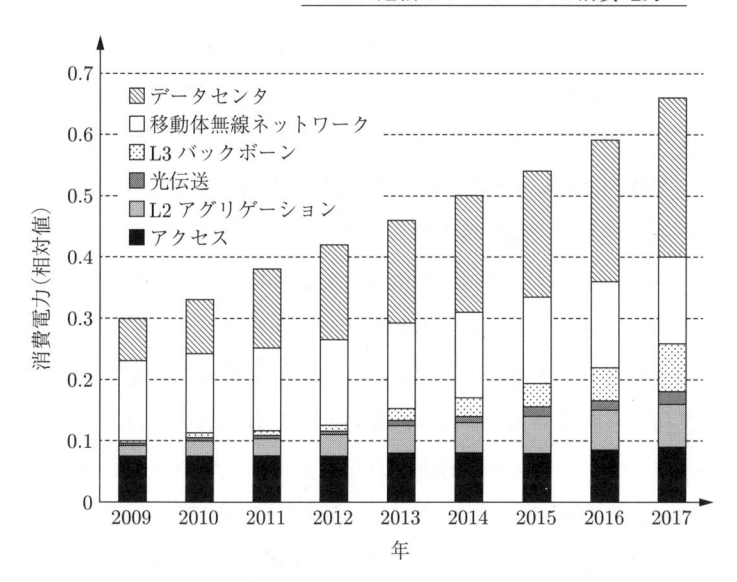

図 7.2 通信キャリアのネットワークにおける消費電力の推移

ボーンネットワークの伸びが大きいことがわかる．以下に通信ネットワークとデータセンタに関して詳しくみていこう．

7.2 通信ネットワークの消費電力

　世界のインターネットトラヒックは年率 20% 程度で継続的に増加している[7]．トラヒックの増大が今後も続き，また技術的な進歩を考慮しないと，ネットワークの消費電力も将来的に指数関数的に増加することになる．図 7.2 に示されるように，現状の固定系通信ネットワーク（データセンタ，移動体無線ネットワークを除く部分）では消費電力の大半はアクセス系で消費されている．アクセス系では今後のブロードバンド加入者数の増加により消費電力の増加が考えられるが，実際は現行の xDSL から FTTx へ徐々に移行することによる大幅な消費電力の削減効果に相殺され，加入者系全体での消費電力はほぼ一定と見積もられている．FTTH の普及率が高い日本においても現状のアクセス系での電力

消費は固定系通信ネットワークネットワーク全体の消費電力の60〜80%を占めると見積もられている[8]．図7.2におけるもう一つの重要なポイントは，アクセス系に比べて将来はバックボーンとアグリゲーション（トラヒック集約）におけるレイヤ3 (L3)/レイヤ2 (L2)の転送機器（IPルータ/Ethernetスイッチ）による消費電力が大幅に増大することである．同様な検討は各機関で行われており，メルボルン大学のJ. Baligaらの試算によると，現状の技術を用いた場合にアクセス速度10 Mbpsで世界の人口の1/3がインターネットを利用するとその消費電力（大半がルータ部分）は現在の世界の総発電量の約6割に達すると見積もられている[9]．日本においても年率30%のトラヒック増並びに年率10%のルータ/スイッチの消費電力低減を仮定した場合，2030年にはネットワークの総消費電力が2013年の3倍に達するという試算が示されている[10]．今後も世界的に普及が拡大すると考えられるブロードバンドインターネットによる通信トラヒックの増加は，人口の増加，交通量の増加，そのほかの社会的な各種の拡大要因の中でも増加率が抜きん出ており，現状では通信ネットワークが消費する電力の割合は数パーセントであるものの，将来的には極めて大きな割合となり，言い換えれば抜本的な低消費電力化技術を導入しない限り，インターネットの規模拡大は限界に達すると考えられている．

図7.3にJuniper社のコアルータのスループットと単位スループット当りの消費電力の推移を示す[11]．2000年代初頭以降，スループット並びに電力効率の向上がともに低下傾向にあることがわかる．現状のコアルータの消費電力はラック当りの許容限界（15〜20 kW）にほぼ達しており，更なるスループットの拡大には抜本的な解決策が求められている．このような状況で，ルータのコストと消費電力の観点から，ルータを低位レイヤの転送によりカットスルー（通過）する方式の導入がコア/メトロネットワークを中心に進展している．

図7.4に各レイヤでの転送方式におけるルーティング/スイッチングの粒度と電力効率（ギガビット当りの消費電力）の関係を示す[12]．IPルータ/Ethernetスイッチはパケット単位の極めて細かい粒度，LSR (Label Switched Router)やフロールータもパス単位/フロー単位での比較的細かい粒度での転送が可能で

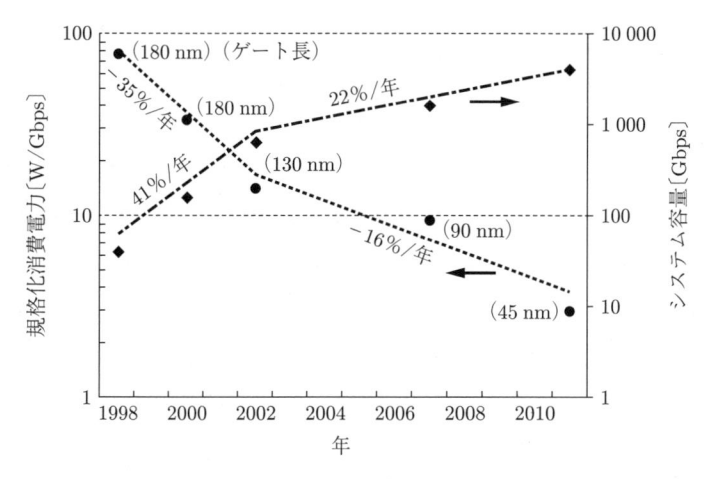

図 7.3 コアルータのスループット（●）と単位スループット当りの消費電力（◆）の推移

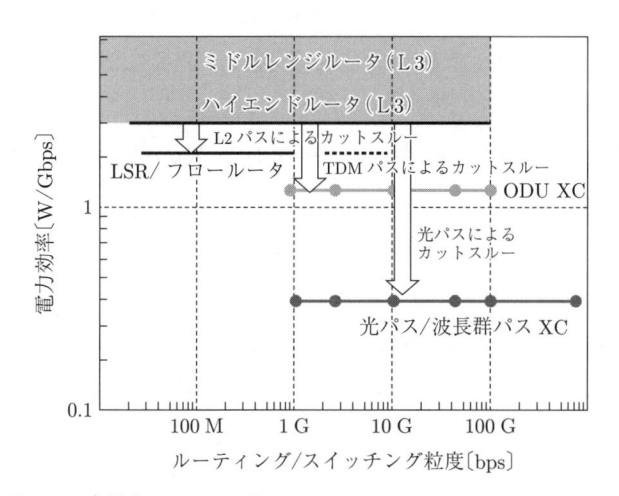

図 7.4 各種ネットワーク機器のルーティング/スイッチング粒度と電力効率

ある．レイヤ1クロスコネクトはODU（Optical Data Unit），光パスクロスコネクトは光パス単位での比較的粗い粒度でのスイッチングを行う．消費電力は，低位レイヤで転送するほど小さくなる．すなわち，ルータを低位レイヤの転送機器でカットスルーすることにより，IPルータ主体の転送と比較して抜本

的なネットワークの低消費電力化が達成できることがわかる．もちろん，ルータとレイヤ2（L2）/レイヤ1（L1）の転送機器はその転送メカニズムが異なるため，カットスルーが有効となるのはトラヒックが十分にアグリゲートされた領域，あるいは将来の映像などの比較的バースト性の小さい情報の転送である．将来のトラヒックの大半を占めると考えられる高ビットレートの映像情報の転送において，IPルータをカットスルーすることは極めて効果的である．このような時代には，レイヤ1でのカットスルー技術として電気レイヤを用いるのではなく光信号のまま転送を行う光パスレイヤでの転送が重要になると考えられる[12]．現状では，光レイヤによるカットスルーは，コアネットワーク，メトロコアネットワークを中心として**ROADM**（Reconfigurable Optical Add/Drop Multiplexer）を用いて実現され，大規模な導入が進んでいる．将来的には更にトラヒックのダイナミックな変動への適用が必要になると考えられ，光パスの高速スイッチング技術（高速光パス/光回線交換）が重要になると考えられる[13]．

7.3 コンピュータ・データセンタの低消費電力化

図7.3に示されるように，ルータのスループットの進展で注目すべき点は，2000年代初頭以降その向上の割合が大幅に低下していることである．C–MOS技術の進展においては駆動電圧の低下が飽和傾向にあるとともにゲート長の細線化に伴う無効電力の増加により，シャシー当りの許容電力内（15～20 kW）でのスループットの拡大がしだいに困難となっている．一方，半導体技術に大きく依存するスーパーコンピュータにおいてはその計算能力（flops）の上昇は大きく，この20年以上にわたり継続して年率90％程度[14]の増加を維持していることは特筆すべきである．しかし最近のflopsの進展はプロセッサコアの並列度の拡大に支えられており，現在（2014年）最大のコア数は150万を超えている．コア数の拡大に伴い，その消費電力も増加し続けている．図**7.5**にスーパーコンピュータの計算能力トップ100位までの中で，データが得られるものについて平均消費電力の推移をプロットしたものを示す．消費電力は既に10 MWを

7.3 コンピュータ・データセンタの低消費電力化

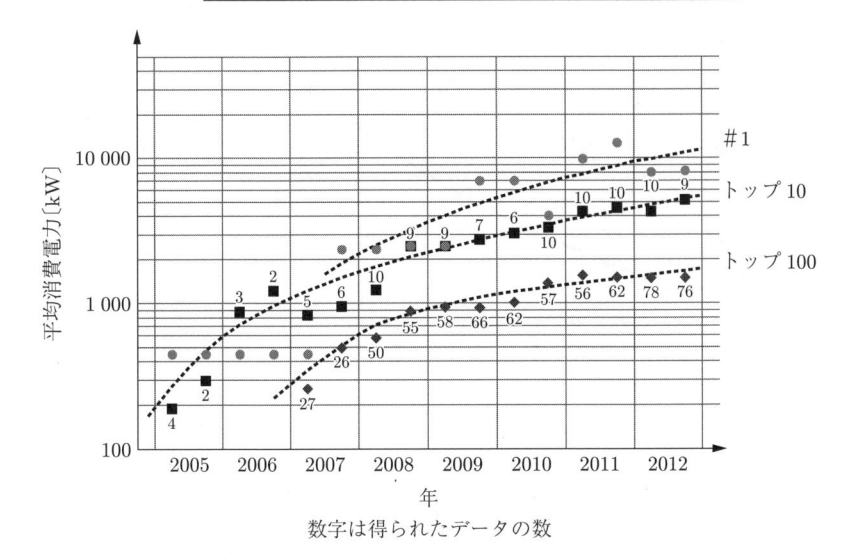

図 7.5 スーパコンピュータの平均消費電力の推移

優に超え，限界に近づいているといえる．時期的な問題は別として，消費電力のボトルネックにより計算能力の進展が制限されることが予測される．ルータのようにシャシー当りの消費電力が制限される状況においては前述のように，消費電力のボトルネックがより早い段階で顕在化している．現状の半導体技術の延長では将来のネットワークにおいて予想される消費電力の課題を解決することは困難な状況にあり[15]，消費電力の観点での電気技術のボトルネックが顕在化しつつある．その解決には，前節で述べたように，適切な光技術の開発が重要となる．

以下では，通信以外で重要なデータセンタの光化に関して述べる．図 7.6 にデータセンタの内部を流通するトラヒック量とグローバルな IP ネットワークを流れているトラヒック量の予測を示す[7]．前者のトラヒック量は，後者の 4 倍程大きく，その増加率も 30% 程度と大きい．このような状況にあり，現状の大規模なデータセンタの消費電力は既に 100 MW を超えており，データセンタの低消費電力化は重要な課題となっている．現在サーバやストレージのラック間の伝送には光ファイバが広範囲に用いられている．光伝送適用領域のボード間，

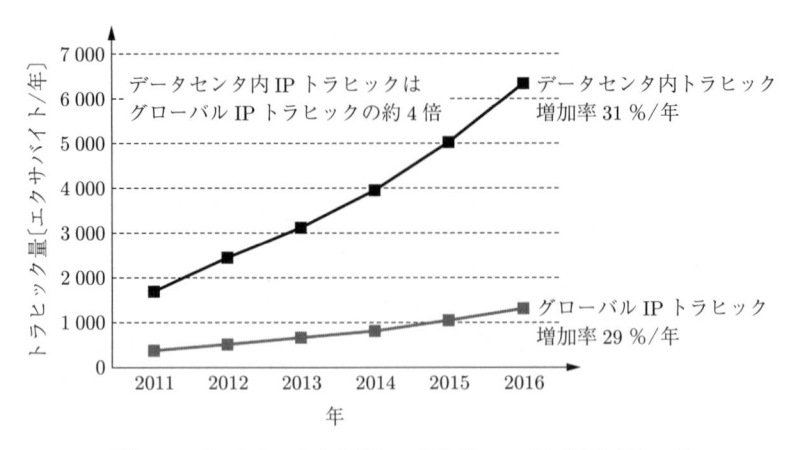

7. 情報ネットワークと消費エネルギー

図7.6 データセンタ内トラヒックとグローバル IP トラヒック

ボード内への拡大に向け，研究開発が加速されている．データセンタ内での情報のルーティング/スイッチングは現状では全て電気技術（Ethernet スイッチ，IP ルータ）が用いられているが，将来的にはデータセンタ内での消費電力に占める割合が急激に増大することが予想されている．図 7.4 の各種ネットワーク機器の電力効率に示されるように，現状においても 10 万台規模のサーバ間の通信を担うデータセンタ内ネットワークにおいて，その一部（例えば top-of-rack 間の通信）に光スイッチを導入することにより，大幅な低消費電力化が達成可能と考えられている．その様子を図 7.7 に示す．top-of-rack 間の大半のトラヒックは光スイッチにより処理され，残りの部分のみに電気スイッチを利用する構成が有望と考えられている．データセンタの光化において留意しなければ

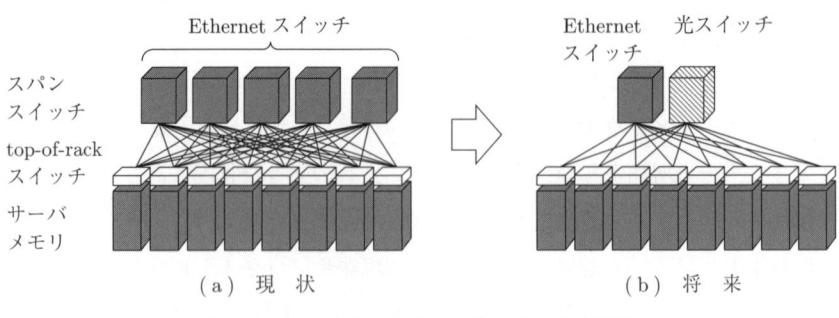

図 7.7 データセンタ内への光スイッチの適用

ならないことは，グローバルな通信ネットワークへの光スイッチ（光クロスコネクト/光 ADM）の導入とは異なり，光スイッチ自体の経済性が極めて重要である．すなわち，公衆網で使われてきた光技術をそのまま適用できるわけでなく，新たな発想による研究開発が必要となる．

7.4 低消費電力化の限界

7.3 節までで，ネットワークでの消費電力のトレンドについて述べた．ここからはどのように低消費電力化するか，そしてそれがどの程度まで可能かという観点から考えていこう．通信ネットワークは，大きく分けてノードと呼ばれる通信装置と，光ファイバに代表される，ノードを結ぶリンクとに分類することができる．大都市間を鉄道が網の目のように接続する状況になぞらえると，大都市がノードに，鉄道がリンクに相当する．図 **7.8** に国内ネットワークのモデルを示す．

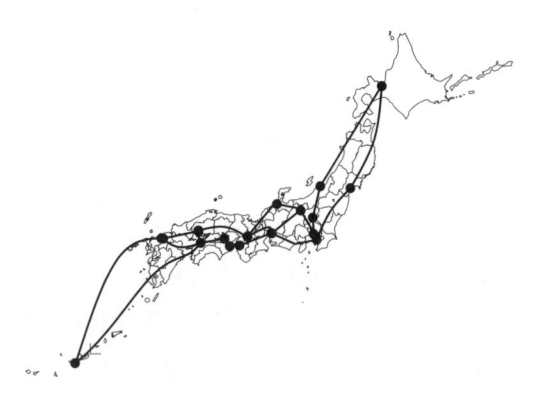

図 **7.8** 国内ネットワークのモデル
（丸：ノード　線：リンク）[16]

7.4, 7.5 節を通じ，リンクとして光ファイバを用いた有線通信を仮定する．光ファイバは利用可能な周波数帯域が極めて広いため本質的に大容量である．シングルモードファイバと呼ばれる典型的な光ファイバでは，直径 $10\,\mu m$ 程度の領域（コアと呼ばれる）内で信号が伝送され，減衰の割合も極めて小さい．ゆ

えに，低消費電力化の限界を考えていく上では，光ファイバ通信を想定すべきである．なお，無線通信との大きな違いは，空間がリンクそのものとなる無線通信では，空間に信号が拡散することで，基本的に伝送距離の二乗に応じて信号が減衰してしまい消費電力の観点からは不利であること，かつ多数の光ファイバを束ねてケーブルとし並列な通信路として利用できる光ファイバ通信と違い，唯一の通信路である空間をさまざまな無線通信で共有しなくてはならないことから，容量が本質的に限定されることである．しかし，携帯端末を利用する上での無線通信の利便性はいうまでもなく，実用上は光ファイバを用いた大容量通信と，アクセスでよく用いられる無線通信とは相補関係にある．

　光ファイバで送信ノードと受信ノードが直接つながれている場合を考える．送信ノードではデータ（電気信号としてメモリに記憶されている）を送信器で光信号に変換して送出し，光ファイバと，光ファイバ内の減衰を補償するための光アンプとを経た上で，受信器にて再度電気信号に変換して記録される．文献17)では，1 000 kmの光ファイバを介し，送信器と受信器の間でデータをやりとりする場合の電力消費について，2010年時点での技術レベルで達成可能な下限はおおむね90 pJ/bitとされており，その2/3は光送受信器によるものとされている．しかし，現実の装置で実際に消費される電力は，上記の下限値の$10^3 \sim 10^4$倍と，比較にならないほど大きい．これにはいくつかの原因が考えられる．送受信器の電力については，まず消費電力のみに注力するのではなく信頼性や耐久性を鑑みた実用的な回路を使用していること，光ファイバ敷設に多大なコストが必要であることから，光ファイバ容量を最大化することが求められ，消費電力の大きいディジタル信号処理プロセッサなどが光信号の劣化補償に用いられていること，そして送受信器に付帯する各種オーバーヘッド機能に起因する電力消費が全く考慮されていないことがあげられる．これに加え通信ネットワーク全体としては，制御プレーンを含めたオーバーヘッドが更に必要であること，電源での変換損失および冷却部分での電力消費が避けられないこと，更には消費電力が最小となる領域で通信装置を使用できるとは限らないことなどがあげられる．更に光ファイバ上の伝送においても，光アンプでの増幅

により得られる信号パワーと光アンプの消費電力には2桁程度の違いがあり，効率が低いことも理想的な消費電力とのギャップを生んでいる．

これまで送信元・受信先ノード間が直接光ファイバのリンクで接続されている場合における，リンクで消費される電力についてみてきたが，一般には送信元・受信先ノードは複数のノードとリンクを介して接続される．そこで，各ノードで消費される電力についてみてみよう．通信ネットワークごとに状況は異なるものの，多くの通信ネットワークでは，動画像などユーザが送受信したいデータを，フレームやパケットと呼ばれる一定のサイズのブロックに分割し，ブロックごとにやりとりしている．送信元や中継点にあたるノードでは，各ブロックに付与された受信先を，保持している宛先リストから検索し，リストが示す，つぎに経由すべきノード宛にそのブロックを送出している．現代のネットワークではIPが最も広く使われており，ノードに相当するIPルータはこのような検索と転送処理を実施する典型的な機器である．しかし，IPの場合に特に顕著なように，多くの宛先が掲載されているリストから特定の宛先を取り出す検索処理は負荷が高く，消費電力が増加する要因となる．検索処理ごとの電力消費は不可避であることから，理想的な通信ノードでは，無負荷時の消費電力が0であり負荷の増大に応じ消費電力が線形に増加することが望ましい．しかし，現実には電源での損失，冷却や制御部分に関わる消費電力が一定量存在し，なおかつユーザがデータを送受信するタイミングを事前に知ることができないという通信の性質上，最大の処理能力を発揮できるよう常時待機する必要がある．よって，実際の通信ノード装置，例えばIPルータでは無負荷時でも多くの電力を消費し，負荷の増大に応じた追加分の消費電力が線形に増加することで，最大負荷時に最大の電力を消費することになる（図**7.9**）[18]．この無負荷時の電力はEthernetスイッチでは比較的小さい一方で，IPルータでは大きく，文献19)では後者を最大負荷時の電力の90%，前者を25%としてモデル化している．

LSIの配線を微細化する省電力効果により，世代の新しい装置は世代の古い装置に比べ，同一性能であれば一般に消費電力が小さくなる．一方で最大負荷

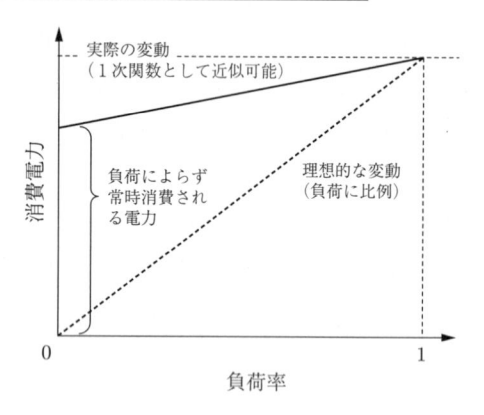

図 7.9 大規模な IP ルータでの負荷に対する消費電力の変動

時の消費電力は，機器の処理能力に応じ非線形に大きくなる．しかし 7.1 節でも議論したように，配線微細化による省電力効果が，後者の電力消費増に比べ相対的に小さくなってきており，最も典型的な機器である IP ルータでは消費電力が増大し続けている．最大処理能力の 2/3 乗[18] ないし比例[20] して消費電力が増えているという評価もある．7.2 節でも述べたが，通信量の増大は電力消費の増加による発熱増に直結し，冷却用の空調での電力消費や，LSI の耐熱温度による限界がルータの性能の上限を実質的に決めてしまう．そこで，IP ルータに全ての転送処理を依存するのではなく，ネットワークの構造を工夫することでルータの負担を減らし，要求される最大処理能力と実際の処理量をともに低く抑えることができれば，低消費電力化を達成できる．これがどの程度省電力化に貢献し得るかについて 7.5 節でみることにしよう．

7.5 低消費電力ネットワークの実現

同一の性能を持つ m 個のノードが光ファイバで接続されたネットワーク上を，データが単位ブロックに分割されて送受信される通信を想定する．議論を簡単にするためノードでのみ電力が消費されるものとする．単位ブロックの経路検索処理および送受信にあたりノードが必要とする電力を，ブロックの内容

7.5 低消費電力ネットワークの実現

によらず一定と仮定する.また,全ての通信ノードの単位時間当りの最大処理能力が P(単位時間当り単位ブロックを P 個処理可能)であるとし,このノードが単位時間当り p 個の単位ブロックの処理を行っているとき(負荷率:p/P)の消費電力を,IP ルータをモデルとして

$$a + b\frac{p}{P}$$

と仮定しよう.ここで a はルータが常時消費する電力であり,b はパケット処理量(負荷)に応じて消費する電力である.

このネットワークは無負荷時でもネットワーク全体で一定の電力 ma を消費する.また,ネットワーク内でやり取りされるブロックの総数が v であり,各ブロックが経由するノード数の平均(データ量を考慮した加重平均)を n とすれば,電力

$$nb\frac{v}{P}$$

が更に必要になる.なお,文献18)によれば,北米・ヨーロッパ・アジアのいずれのエリアでも,各通信が経由するルータの台数,つまり n は 10〜15(複数の ISP を経由する場合は 15〜20)程度であるとされている.以上より,ネットワーク内の総電力は

$$ma + nb\frac{v}{P}$$

で与えられる.通信ノード数 m はネットワークの地理的条件によりあらかじめ決められるパラメータであるため,ほかのパラメータ a, b, n, v が省電力化の効果を決めることとなる.

では,これらのパラメータをどのように改善したらよいだろうか.仮にネットワーク内のノードが互いに光ファイバで直結されたならば,全てのブロックは送信元・受信先以外のノードを経由することがなくなるため,各ノードで処理されるブロック数は大幅に減少し,トータルでは $1/n$ となり,ルータの最大処理能力 P を小さくでき,効率が向上するために a, b は小さくなる.また,ブ

ロックごとの電力消費も平均的に $1/n$ となる．光ファイバを全てのノードの間に敷設することは現実的ではないが，仮にデータのブロックが IP パケットであったとしても，より電力消費の少ない通信により各ノード間を直接結んだ上で，IP パケット全体を「荷物」として運ぶことで，IP の宛先検索負荷の高さからくる高い電力消費を回避することができる．

7.2 節でも触れているが，送信元・受信先ノードを結ぶ「路」を仮想的に作り，この上でデータブロックを効率的に運ぶことが有効である．典型例としては，**MPLS**（Multi Protocol Label Switching）がある．MPLS では，IP，SDH，ATM などの各種のデータブロック（パケット・フレーム・セル）をそのまま「荷物」としてペイロードに収容し，コンパクトなヘッダを付与する．ヘッダ内に示された宛先アドレスは，IP パケットのように世界中で一意（global significance）となる長く宛先検索の負担が大きいものではなく，その「路」上で一意（local significance）となる短いアドレスとなっており，宛先のリストが極めてコンパクトになることから効率的な処理が可能となる（図 7.10）．このとき，IP 側からは，本来のネットワークに代わり，よりノード間の距離が縮まった仮想的なネットワークが提供されているように見えている（図 7.11）．

ネットワーク内を運ばれるブロック数 v も小さくしたい．ここで，東京から愛知県の二つの市に別々の荷物を送る場合を考えてみよう．愛知県という同一

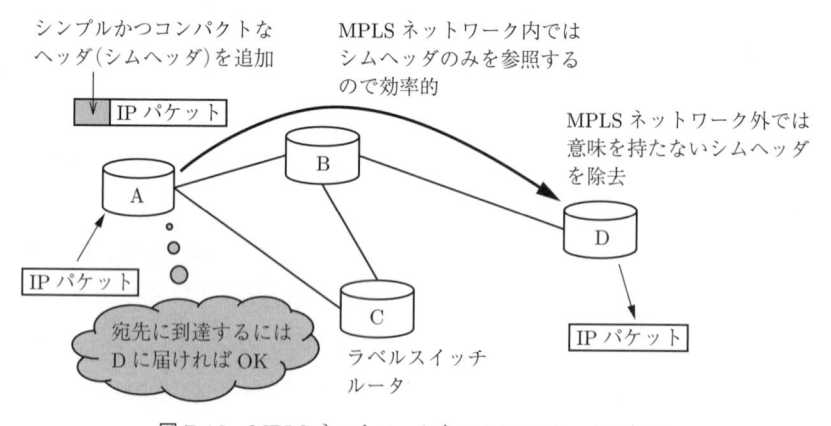

図 **7.10** MPLS ネットワーク内での IP パケットの転送

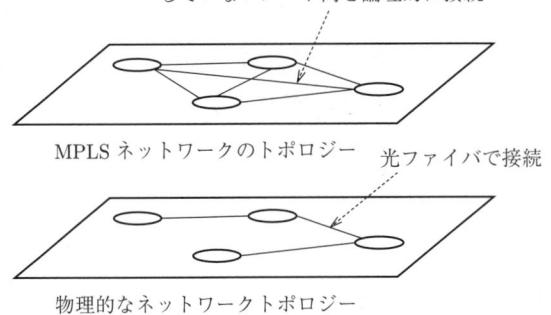

7.5 低消費電力ネットワークの実現

図 7.11 物理的なネットワークトポロジーと論理的に定義されるネットワークトポロジーとの階層構造

のエリア内に二つの宛先が存在しているので，同じ列車やトラックに積み込んで愛知県まで配送し，その後個別に配送するのが常識的だろう．ネットワークでもこれと同じく，似た宛先の通信を束ねてまとめることが有効である．いまとなっては古典的な通信方式である **SDH**（Synchronous Digital Hierarchy）[21]では，小容量のパス（VC-11, 12）を複数束ね大容量のパス（VC-3, 4）に集約し効率化している（図 **7.12**）．この際には小容量のパスのフレームは，大容量のパスのフレームのペイロードに複数まとめて搭載されるため，ブロックサイズを大きくしてブロック数を減らす効果がある．SDH に代わる最新の通信方式である **OTN**（Optical Transport Network）[22]にも，同様に小容量のパスをまとめて大容量のパスとするしくみが組み込まれている．このようなパスの入れ子構造は，階梯と呼ばれ通信の効率化，ひいては低消費電力化を実現する有

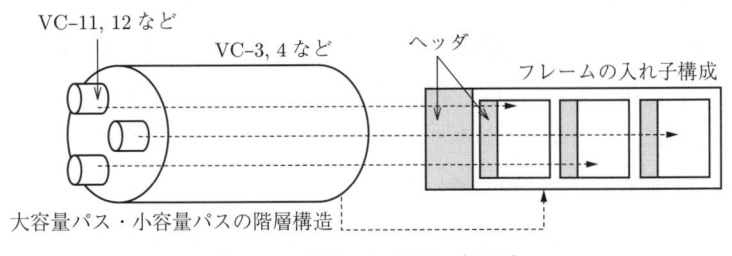

図 7.12 階梯とその実現（SDH）

効な手段である．

　光ファイバ中では，データは当然ながら光信号として伝送されている．これまでにあげた通信のいずれにおいても，通信ノードで一度電気信号に変換され，宛先を検索する処理を経た上で光信号に再度変換されて再度光ファイバ中に送り出される．電気信号への変換を経ることなく直接経路選択を実施するネットワークも徐々に導入されつつある．このようなネットワーク（フォトニックネットワークと呼ばれる）では，光ファイバ中に波長が異なる多数の光信号（dense wavelength division multiplexing の場合，40～100 波程度）が多重されていることに着目し，プリズムに相当する素子で波長ごとに光を分波した後，MEMS（Micro-Electro Mechanical System）駆動の微少な鏡や液晶（Liquid Crystal on Silicon：LCOS）により所望の出力側に各波長信号を向けることで直接の経路制御を実現している．つまり，各波長信号は始点と終点とを結ぶ光パスとして機能する．光パスの容量は 2014 年現在で 100 Gbps に達しており，更に進んだ変調方式を導入したり，OFDM（Orthogonal Frequency Division Multiplexing）・Nyquist 波長分割多重により複数の波長をまとめて利用することで 400 Gbps–1 Tbps の大容量の光パスを目指した研究開発が進められている．光パスの 100 Gbps 以上という大容量を IP パケットに換算すれば膨大な数となり，光パスの経路制御は IP ルータでのパケット単位での経路選択処理に比べ bit 当りの消費電力は大幅に小さくなる．実際，MEMS による微少な鏡の制御に基づく経路制御と IP ルータでの処理の消費電力を比較すれば，約 100 倍の効率向上が達成されている．一方で経路制御をきめ細かに実現する能力は IP ルータの方が優れているため，どのように光パスを設定し，効率よく IP パケットを収容していくかという問題が重要になる．また，100 Gbps 以上の大容量の光パスでは，光ファイバ上での信号劣化の影響を極力排して大容量の通信を実現するために，高速なディジタル信号処理プロセッサを導入して，光パスの送受信端で常時劣化の変動に追随し補償を行っている．しかしディジタル信号処理プロセッサ自体が大きな電力を消費することから，従来まで用いられていた劣化補償に比べて消費電力の観点からは不利であり，今後もある程度の電力消

費が避けられないと予測される．力消費に伴う発熱は特にデータセンタで重要となる送受信インタフェースの高密度実装や，通信ノードの規模の制限につながるため，ディジタル信号処理プロセッサの進歩や劣化補償技術の発展がどの程度低消費電力化及び発熱量の抑制に寄与するかが今後の重要な課題となるであろう．更には，情報通信技術の発展と浸透による，ネットワークのインフラストラクチャとしての重要性や，その上でやり取りされるデータ量の爆発的な増大はもはや不可避な社会的要請であり，低消費電力化のみならず，必要な超大容量化，高信頼化，高機動性等のさまざまな課題を，情報通信社会の発展と共に長期間にわたり解決し続ける研究開発が必須であるといえる．

第8章

センシングと
情報ネットワークの基本課題

　センサネットワークは，センサを通して得られる物理世界の情報をコンピュータやネットワークの世界で把握し，ネットワーク上のさまざまなノードで利用可能とする技術である[1],[2]．ここには，センシング，処理，ネットワークの構造が必要であり，それらに共通する基本要素として，計算理論，アルゴリズムと情報表現，ハードウェアの三つが用意される必要がある．特に1980年代の後半以降は，センサの知能化とともに，センサの数と種類の増大に対して，**センサフュージョン**と呼ばれる研究が盛んに行われるようになった[3]〜[6]．そこでは，ヘテロジーニアスでマルチモーダルなセンシングの構造を，センサの数が増加する中でいかに統一的に扱うかが議論の中心であり，同時に，従来の多入力多出力の計測制御システムにどのような新たな機能を付け加えることができるかが議論の焦点であった．

　ところが，これらの議論の中では，現在のようなネットワーク技術の進展は予期されておらず，ネットワークは，設計するシステムの仕様と目的にカスタマイズされたものであり，小規模の場合には全結線のアナログネットワークが想定される場合もあった．これらの状況は，センサデータの処理に対して，ネットワークの問題を持ち込むことなくセンシングの時空間構造をモデル通りの条件で構成できることを意味していた．

　一方で，近年のネットワーク技術の進展は，パケット通信に見られるように，膨大な情報を数多くのノードからなるシステムの中で的確に届けることが主たる目的となっている．そのために，時としてセンシングに固有の時空間構造がモデル通りに実現できない危険性を孕んでいる．例えば，端的な例として，センシングが必要とするリアルタイム性の問題があり，一部を除いて，現在のネットワークの中で**ハードリアルタイム**（ある一定の時間以内に処理が終了することを保証すること）を実現するものはほとんどない．この問題に限らず，センシングとネットワーク技術の間には異質な構造が存在し，ネットワーク技術をベースとするセンサネットワークの研究開発では，センシングの本質がないが

しろにされ，センシングをベースとする研究開発では，ネットワーク技術の利便性が活用されていない．これら両者の間には，本質的な違いが存在し，それらの構造を整理した上でその融合を図る必要がある（図 8.1）．

そこで本章では，両者の構造，特にセンシングの構造を整理した上で，センサ技術とネットワーク技術の真の融合に向けた議論を行う[7]．

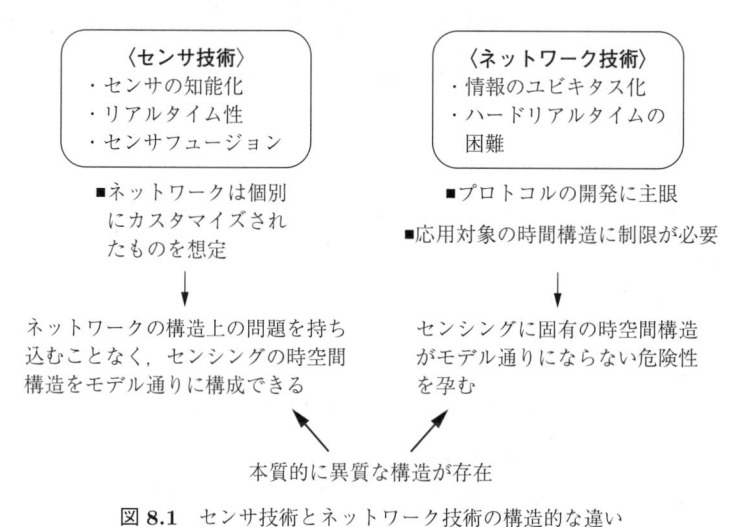

〈センサ技術〉
・センサの知能化
・リアルタイム性
・センサフュージョン

■ネットワークは個別にカスタマイズされたものを想定

↓

ネットワークの構造上の問題を持ち込むことなく，センシングの時空間構造をモデル通りに構成できる

〈ネットワーク技術〉
・情報のユビキタス化
・ハードリアルタイムの困難

■プロトコルの開発に主眼
■応用対象の時間構造に制限が必要

センシングに固有の時空間構造がモデル通りにならない危険性を孕む

本質的に異質な構造が存在

図 8.1　センサ技術とネットワーク技術の構造的な違い

8.1　センシング技術の基本構造

8.1.1　センサフュージョンの基本

文献3) で石川は，センサの数が増加した際のセンシングの基本構造の分類を試みている．「**複合**（multisensor）」は，複数のセンサからの情報を並列的・相補的に組み合わせる構造（加法的処理）であり，局所性の回避や測定レンジの拡大などが対応する．「**統合**（integration）」は，個々のセンサ情報に対して，統合的な演算を施して何らかの情報を得る構造（乗法的処理）であり，精度や信頼性の向上，処理時間の短縮，故障診断などが対応する．「**融合**（fusion）」は，センサ情報間あるいはセンサ情報と内部モデルとの間で，相互の関係から上位の質的に新たな情報を生み出す構造（協調・競合的処理）であり，両眼融合，物

体認識,空間認知などがそれにあたる.また,「連合(association)」は,センサ情報間の関係を理解する構造(連想的処理)であり,予測,学習・記憶,モデル形成,異常の検出などが対応する.

センサフュージョン[3]～[6],[8]の目的は,多種及び複数のセンサ情報から新たなセンシング機能を生み出すことであり,具体的には,冗長性・センサ情報間の矛盾の処理と利用(異常の検出など),高速化・高精度化・広帯域化・耐ノイズ性などの向上(単一のセンサ情報では得られない機能の実現),不確実データの処理(uncertaintyの低減),抽象度の高い情報の抽出や不良設定問題の解決(知識の獲得と活用),CADデータなどのデータベースの利用(情報の蓄積や事前情報の活用),センシング戦略の設定と精緻化(能動的センシングの活用)などがあげられる.

これらの目的を実現するためには,センサ自体はもちろんのこと,処理とネットワークを含めた全体的なアーキテクチャの考慮が必要である.つまり,センシングアーキテクチャの設計が必要であり,そのアーキテクチャにセンシングの構造とネットワーク技術の特徴を埋め込んでいく必要がある.

8.1.2 センサフュージョンをネットワークにおいて実現するための基本課題

山崎と石川らは,文献5)において,当時としては先進的な課題設定を行っている.

センシングの構造のネットワーク上での実現　基本となるのはセンシングの各種の手法であり,固定化,補償,差動法,零位法,逆問題,フィルタといった基本的なセンシング手法をネットワーク上に実現できるかが,一つの鍵である.通常これらの構造は,実センサの物理的あるいは回路的な構造として用いられるが,ネットワーク上でも仮想的にこの構造を導入する価値は大きい.ただしその実現には,以下の他項で指摘している課題に加え,**時刻同期の問題**[9],**ノードキャリブレーション(ローカリゼーション)**[10]の問題などの多くの課題をクリアする必要がある.

リアルタイム性　リアルタイム性の維持は重要であり,時間の管理の問題

と強く結びついている．**サンプリング定理**は，対象とする現象を要求仕様の中で完全に把握するには，対象あるいは要求仕様が示す帯域を理解し，それに見合った時間周波数でのサンプリングが必要であることを述べている．このことは，ネットワーク上での時間の扱いやサンプリングの方法に対して，意味のあるセンシングを実現するための必要条件を与えることとなる．更に，後述の「リアルタイムパラレルプロセッシング」の項で指摘されるように，処理方式の問題と結びついて重要な課題が生じることになる．

空間稠密性 同じことは空間軸でもいえる．センサの空間的配置は，対象となる現象あるいは要求仕様に対する空間周波数特性を規定することとなり，センサの空間的配置及びその位置情報の扱いに強く結びついている．対象の現象を要求仕様の中で空間的に完全に把握するには，対象が持っている空間の帯域を理解し，それに見合った空間周波数でのサンプリングが必要である．このことはセンサ空間的な配置に対して必要条件を与えることとなる．また，対象の時間ダイナミクスやセンサ自身の空間位置情報の正しさ（ノードキャリブレーションの問題）[10]ともあわせて考慮する必要がある．

内部モデルと階層的並列分散構造 一般に，センサ情報処理は階層的な並列分散構造をとることが自然であり，さまざまな処理モデルが提案されてきた．文献5)でもこの構造が前提となっている．Albusは人間の脳の処理のモデルから発した階層的並列分散モデルを提案した[11]．HendersonとShilcratは多種類のセンサからなるシステムを統一的に記述するロジカルセンサを提案した[12]．Brooksはサブサンプションアーキテクチャと呼ばれる階層的なロボットシステムを示した[13]．文献6)に詳しい解説がある．

これらのモデルは，時間の扱い，アルゴリズムの違い，事前知識の扱い，具体的な実現方法などに違いがあるが，階層性のアーキテクチャの点で一致している．また，処理のモデルとして事前に設定する内部モデルの機能にも依存するが，事前知識として内部モデルが存在する場合とそうでない場合とでは，処理が大きく違ってくる．

リアルタイムパラレルプロセッシング 一般に，並列処理の実行とリアル

タイム性の実現は，相容れない課題である．ネットワーク技術においても同様であり，並列の構造の中でハードリアルタイムを実現することは極めて難しい技術といえる．加えて，ネットワークにおいては，伝送遅延の問題も発生しその影響は小さくない．

ところが，センシングの構造の中では，センサ情報間の同期性やサンプリングの高速性や稠密性が求められている．山崎と石川らはこのことを「リアルタイムパラレルプロセッシング」の問題と称して早くから問題を提起している[5]．**遅延耐性ネットワーク** (Delay, Disruption, Disconnection Tolerant Networking：DTN)[14] の研究は盛んに行われているが，現在のネットワーク技術では，上記の厳しいリアルタイム性に対応可能な実用的な解は得られていないのが現状である．

スケジューリングの問題としてはタイムスロットのような単純なモデルの採用も含め，再度検討する必要があると考えられる．ハードリアルタイムの実現が困難であれば，処理アルゴリズムが許す限りにおいて，プレディクタブル（タスク実行開始時に実行時間の最大値が予測できる），あるいはリミッタブル（実行時間の最大値が設定できる）リアルタイムの実現が望まれる．あるいは，ハードウェアの問題としてハードリアルタイムを保証したタスクスイッチの実現が待たれている．

タスク分割　　階層的並列分散構造を基本として，リアルタイム性を維持したセンシングアーキテクチャを実現するためには，タスク分割の問題も解かねばならない．前述した階層的並列処理アーキテクチャの中では，Brooks がある程度言及しているが，それ以外のモデルではタスク分割は事前に既知のものであるとしている．

しかしながら，リアルタイム性の実現，階層性の実現には，タスク分割の手法が明示的に示される必要があり，ましてやプロセッシングモジュールのダイナミックな分割・配置を行おうとすれば避けて通れない課題である．Namiki らは，リアルタイム性に向いた階層的タスク分解の問題に対して，直交分解という考え方を提案しロボットのセンサフィードバック制御に適用している[15]．

8.2 センシングから見たネットワーク技術の基本課題

これらに対して，ネットワーク技術は，任意のノード間の通信の実現を目標としており，データの時間的・空間的な構造を忠実に取り扱うことよりも，データへのアクセスの**時間多重化**が図られてきた．このことは時間軸，空間軸の一部の機能を犠牲にすることにより，利便性やアクセシビリティなどの向上を優先していることになり，結果として多大な効果を生み出してきた．この中では，パケット通信を軸としてプロトコルベースの処理構造がその中心をなしてきた．これらから見えてくるネットワーク技術の課題の例を以下にあげる．

ネットワークダイナミクス　センサネットワークを考えたとき，上述のネットワーク技術が提供する能力は，ネットワークが提供する処理・伝送にかかる最悪時間に比較して静的とみなせる対象に対しては効果的である．しかし，より高度な処理を想定したとき，8.1.2項で議論した時間的・空間的なセンサデータの稠密性やリアルタイム性を満たすことは一般に容易ではなく，その解決のためには，ネットワークの構造自体を基本から見直す必要がある．あるいは，対象の把握に必要なサンプリング（時間軸（時刻の正しさなども含まれる場合がある）及び空間軸）を満たさないことを前提として，そのようなセンサデータに対してもロバストな処理アルゴリズムの開発が必要である．

センサの知能化とネットワーク　従来，アプリケーションレベルの処理は利用者のノードで記述されていたのに対して，センサの知能化とネットワークの普及が進むにつれ，その記述がネットワークレベルにも降りてきている．例えば，directed diffusion[16]と呼ばれるセンサネットワークプロトコルでは，センサ情報を必要とするノードが，興味のある情報を記述したメッセージを記述した"interest"をネットワーク内に伝搬させる．このことは，8.1.2項で議論したタスク分割の問題を，センサの構造や機能はもちろんのこと，ネットワークも含めて考える必要があることを意味している．センシングシステム全体としての大きな発展の可能性が存在するが，一方で，8.1.2項で記述したセンシング

の構造の実現やタスク分割の問題をより一層困難とすることも否定できない．

更に，今後予想されるセンサの数の増加は，ネットワークの負荷を指数的に増加させることとなり，伝送遅延を増加させ，タスク分解やスパースネスの把握をより一層困難にする可能性がある．このことは，ディペンダビリティの観点から重要と思われる**バックトラッカビリティ**（システムの不全が生じたときに過去の状態をたどることを可能とさせる性質）の実現に対しても，大きな課題を投げ掛けている．

第4部 人・社会に拡がる情報ネットワークの科学

第9章
情報ネットワークとレジリエンス

　本章では，攻撃や故障に対する頑健性（結合耐性）が強く連結性を保持して通信機能を損なわず，災害時等において修復が可能な（復活力を持つ）レジリエントな情報ネットワークを構築するための重要ポイントを概説する．まず 9.1 節では，地図上の経済活動の分析など，さまざまな用途に利用できる地域メッシュデータを示す．そのデータは，実際の人口分布などに応じた空間上のネットワーク構築を考える上での基礎となる．つぎに 9.2 節では，通信要求の発生箇所や連絡・連携に関する基本的な人々の行動を把握し，レジリエントな情報ネットワークの利用局面に関わる，災害時に必要な情報，物資，人材について考察する．その上で，9.3 節では，パーコレーション解析などに基づく複雑ネットワーク科学の最新の知見を活用して，ネットワークを徐々に成長させながら強い頑健性を自己組織的に備えさせるレジエントなネットワークの構築手法を示す．

9.1　地域メッシュデータ

　人口分布などの統計データは，地図（国土地理院発行）の地域メッシュに対応した各区画ごとに，総務省統計局が 5 年ごとの**国勢調査**に基づいて集計されている．各次のメッシュ区画は以下のように階層的にコード化されている[1]．日本全国を緯度経度で 175 か所に分割した 80 km 四方の 1 次メッシュでは，各区画の南端の緯度の 1.5 倍の値を上 2 桁に，西端の経度から 100 を引いた値を下 2 桁にした 4 桁の数字で表される．例えば，5339 は東京付近，5236 は名古屋付近，5235 は京都及び大阪付近の 80 km 四方の区画となる．1 次メッシュを

8×8 に細分した 10 km 四方の 2 次メッシュでは,各区画の左下を基準(値 00)とした追加の 2 桁として,1 桁目は西から東に,2 桁目は南から北にそれぞれ 0 から 7 の数字がつく.更に 2 次メッシュを 10×10 に細分した 1 km 四方の 3 次メッシュでは,各区画の左下を基準(値 00)とした追加の 2 桁として,1 桁目は西から東に,2 桁目は南から北にそれぞれ 0 から 9 の数字がつく.3 次メッシュを 2×2 に細分した 500 m 四方の 4 次メッシュには南西–南東–北西–北東の順に 1 から 4 の数字がつく.結局,1 次メッシュ区画は 160×160 の 4 次メッシュ区画に細分され,細分された各区画内に存在する(年齢別の)人口数,世帯数,就業者数などのデータが,比較的安価に全国の各地域に対して得られる[1]).

表 9.1 は,地域メッシュデータの例である.左から,第 1〜4 列は 1〜4 次の各メッシュコードを,第 5 列はその行が何次のメッシュ区画かを,また第 6 列はその区画内の人口数を示す.例えば,3 次メッシュ区画を表す 2 行目の第 6 列の数字 91 は,その下位となる 4 次メッシュ区画を表す 3〜4 行目の第 6 列の数字 2 と 89 を足した人口数を示す.

表 9.1 地域メッシュデータの基本的なファイル形式

1 次コード	2 次コード	3 次コード	4 次コード	何次の区画か	区画内の人口数
5339	00			2	20 676
5339	00	05		3	91
5339	00	05	3	4	2
5339	00	05	4	4	89
⋮					

地域メッシュデータは通常時の全国の人口分布に関する貴重な資料ではあるが,**災害時**には被害規模や範囲に応じて地域住民が近隣の**避難所**に集まるなどのためにその空間分布も変化すると考えられる.役場,学校,寺院などがおもな避難所となる[2] 一方,コンビニや大型店舗スーパーなどは当座の**物流拠点**となり得る.こうした点から,現実的にはどのような人口分布を災害時に考えたらよいかを検討することも重要な課題となる.そこで,被害状況をリアルタイムにマップ化する目的ではなく,元々の人口分布や避難状況に応じてどこに移

動基地局を配置して，基地局ノード間をどのようにリンク結合するべきかを試すためのシミュレータをおもな用途として考える．また，ノードの間のつながりを表すネットワークのトポロジー構造のみならず，空間上のノード配置やリンク距離，更に各ノードが扱う通信要求の量（各端末ユーザからの最近接の基地局を割り当てるなどで定まる管轄エリア内の人口数に比例）[3] なども考慮する．

9.2 レジリエントな情報ネットワークに向けて
： 災害時に必要な情報，物資，人材

災害時においては，自衛隊（人命救助，救護救援），警察（行方不明者捜索，治安維持），気象庁（地震，津波，風雪），国交省（道路の不通，交通機関の運休）などからの中央統制型で得られる情報に加え，現場での体験目撃や必要物資などに関する"身近だが行き届かない情報"が特に重要となる．またそうした情報は，避難所から離れているなどの理由により把握できない地域の在宅避難者を見つけ出して物資を届けることにも役立つ．現行の救済救助法では，避難所以外で仮設住宅入居者や道路の分断等で孤立した在宅者に（公的な）救援物資を配給することは認められていないが，生命維持及び当座の生活支援のために実際には必要不可欠である．一般に，先の市町村大合併で行政の目が行き届かなくなり，（東日本大震災でもそうであったが）こうした陸の孤島化は深刻化する恐れがある．しかも現状では，ボランティアなどの目と耳と勘だけで孤立した被災者を見つけ出すしかない．どの辺りに人が住んでいて，避難民に含まれ得るかどうかなど，まずは住民に関する情報の統合管理が必要だろう．したがって，災害現場でできるだけ早期に通信網（情報ネットワーク）を復旧させることはもちろん，通常時においても活用できて故障などに強く，**減災**や**防災**にも効果の高い，頑健な通信網をいかに構築するかが鍵となる．そこで，以下の観点：

1. どこに情報の送受信要求が多く発生するか．
    ⇒ 人数が多い避難所はもちろん，物流拠点との通信も必要不可欠と考えられる．電波強度などを調整して無線基地局の管轄エリアをどう定め

2. どことどこを（優先的に）結ぶべきか.
⇒ 必要な情報，物資，人材をどう調整するか，これらは連絡や連携に関わる問題と考えられる．もちろん，各ノードが中継転送を行うネットワークを構築すれば各拠点間を直接結ぶ必要はない．

から，災害時に必要な情報，物資，人材について考察する．通信トラヒックに影響を与え得る人々の行動の理解が，レジリエントな情報ネットワークの構築に有益と考えるためである．

まず，情報面としては，被害の様子や復旧状況がわからない「情報の闇」に不安を感じる一方，悲惨な事実を全てあるいは均等に伝えるよりも「希望」を与える話題を積極的に取り上げるべきこと，また，情報の錯綜，混乱，不確かさなどからも起こる物資の争奪を防ぐ工夫も必要だと指摘されている[4]．ただし，公開あるいは広く伝えるべき情報はもちろん，時々刻々と変わる状況に関するローカルな情報をも蓄積・整理して全体的に把握できる**情報拠点**（情報管理センター機能）を持つべきであろう．学校を地域の情報拠点かつ電力エネルギー拠点として機能させること[5]は有力と考えられる．複数の情報拠点で分散的に（各エリアごとに）徐々に管理しながら，拠点間をつなぐネットワーク化が進むことで情報共有も可能となる．ただし，ネットワークに流れる全ての情報を統制することはできないし，不特定多数の **SNS**（Social Networking Service）から有益な情報を迅速に知り得ることも重要である．一時的な混乱や風評があったとしても，流布する情報は時の流れとともに消えていくことも多い．

つぎに，物資面として，文献4),6),7)に従って，期間区分としての災害直後，避難所生活，復興に向けて，また目的区分としての住，食，居，に応じた物資の要求を整理して**表9.2**に示す．

特に，衣類（サイズ，季節，男女用，使い古し度などに応じて）や食品の賞味期限など，物資の仕分けが備蓄品の配給の際に極めて重要となる[6]．体育館や倉庫などに保管するだけでなく，少なくとも拠点ごとに情報と同様に整理する必要があり，ここにもネットワーク化によって複数の物流拠点で備蓄物資を

表 9.2 目的,期間区分,年齢・性別等に応じて変わる必要物資

目的	おもな必要物資	留意点	主たる期間区分
住	屋根と床(テント),医薬品(特に消毒液),吸汗シート,毛布,簡易トイレ,合羽など	雨雪による寒さや凍えをしのぎ,衛生面を確保.役場や学校,寺院などが避難所になる.	災害直後[4]
食	飲料水,缶詰,カセットコンロ,カップ麺,無洗米など	ガスや水道がなくてもよいもの.近隣の大型スーパー店舗などに備蓄された食材が当座の配給物になる.	避難所生活[6]
居	年齢や性別に応じた衣服や生活用品,飽きないメニューなど	生命維持からより快適な生活へ.季節や常習化でも要望が変化.公平性よりも個別要望に対応できる機動力が重要になる.	復興に向けて[7]

把握しつつ当該エリアで必要あるいは不要な物資を他エリアと交換するなども可能となる.その際,備蓄物資リストの情報を事前に送り合えば効率的である.一方,見落とされがちな小さな避難所では,物資蓄積スペース,仕分ける人,運ぶ人などが不足していることも多い.人材の派遣や受け入れについても拠点内外で調整できることが望ましい.また,調達が容易な遠方から運んで場所ごとに必要な物資を配るゲリラバザーでは,事前に要求を把握しておくことが特に重要となる[7].いわゆる受給マッチングで,プル型とプッシュ型の調整が行える体制が必要である[8].物資の適切な配分ができないと,"あるところには余分にあり,ないところは全くない[7]",という矛盾が起き,被災地における大きな問題となる.避難所や物流拠点が互いに通信して協力し合えば,こうした問題を解消できると考えられ,災害時に情報ネットワークを迅速に構築・復旧する意義は大きい.

更に人材面では,ボランティアを含む支援組織の運営にとって,**石巻モデル**が教訓的である.これは,通常はボランティアを一括して引き受けて雑務を割り当てる被災自治体の社会福祉協議会(社協)とは別に,NGO や企業の専門集団の作業の窓口として災害復興支援協議会(協議会)を独立に組織することで,専門性を生かしつつ,自己責任の分散組織を成果に導いた典型例である.「ニーズは生み出す」,「個別対処」,「独自の機動力」をモットーに,被災地で何をすべ

きかわからない状況に対して，まずは災害地図の作成，状況把握や必要性の洗い出しを優先的に行った．また協議会は，ボランティアの裏方マネジメントとして仕切らず自主に任せる一方で，無数の団体別ではなく目的ごと（食料，医療，移動，心のケア，子供，リラクゼーション，復興，瓦礫・清掃，生活などの支援目的ごとに分けた）で大幅に活動報告の時間を短縮したり，行政との折衝窓口を一本化して効率化するなど工夫もした．iPadの活用（作業の成果の可視化や情報共有も含む），市庁舎に併設された大型スーパー食料品の迅速な確保，大学キャンパス内の大テント村（ボランティア意識の向上 → 治安悪化防止），メーカによるアウトドア機動隊（寝袋や防寒具の提供），企業アメフト部による人間重機（溝浚いを一気に実施），在宅者デリバリー等々による善意を機能する形にするシステムや企画力は顕著であるが，自分達で解決できない必要以上のニーズ調査はしない方針も重要である．こうした活動は基地局エリア内で携帯端末などの情報通信機器が使えて，情報，物資，人材の一括管理を各拠点ごとに行うことで支えられる．

以上の考察をふまえると，全体の中央統制が効かない災害時に威力を発揮する人的組織や情報システムには，以下の三つの性質が求められるといえよう．

(1) 自律性：各自（ノード）はほかへの依存度が小さく，自ら行動できること．

(2) 分散性：資源やプロセスを一極集中させず，局所的に働く（作用する）こと．

(3) 協調性：互いに奪い合わずに，大同小異で共通の目標に進もうとすること．

これらに修復性や流動（柔軟）性を加えれば，通常時でも強固な**分権型組織**[9]や**分散システム**を構築するための鍵となる．紙面の都合上，分散システムと自己組織化の特徴や要求項目に関しては書籍[9]を参照されたい．

要素技術としては，通信網の復旧や新たな箇所への構築に，**衛星通信**や**マイクロ波通信**を活用して基地局間をつなぐことは可能である[10]．要は，どこに基地局を配置[11]して，太陽光発電やエンジン発電などによる電力供給の仕方についても考えながらネットワークとしてどことどこをつなぐべきかについて，通信

要求が発生しやすい場所や人々の連絡・連携の仕方に適応的なシステムであることが重要となる．更に，いつどんな事態が起こるのかあらかじめ分からない災害や大事故においては，状況変化への適応能力も維持できること，すなわち，**レジリエンス（復活力）**を持つことが強く求められる．レジリエンスとは，「(生態系，経済，コミュニティ，構造物などに関するシステム，企業，個人が) 極度の状況変化に直面したとき，基本的な目的と健全性を維持する（著しく性能を落とさずに機能や業務を継続する）能力」を指す[12]．

次節では，既存設備の拡張や修復を視野に入れたネットワーク成長を考えながら，レジリエンスを備え頑健かつ効率的な通信網を構築する方法について，**複雑ネットワーク科学**の観点から得られる考え方を示す．

9.3 レジリエントな玉葱状ネットワーク

電力網，航空路線網，インターネット，World-Wide-Web，知人関係，企業間取引，遺伝子やタンパク質の生化学反応連鎖など現実の多くのネットワークには，べき乗次数分布に従うスケールフリー（Scale-Free：SF）と呼ばれる構造が共通に存在[13]する．すなわち，サイズ N が数百万あるいは数億ノードの大規模なネットワークでも，任意の2ノード間のパス長が $O(\log N)$ のたかだか数十ホップ程度の短い中継数でつながる「小さな世界（small world）」と呼ばれる特徴を持っている．こうしたネットワークは「効率的」ではあるが，多数のノードがつながっている「ハブ」への攻撃（ハブ攻撃）に対する結合耐性が極端に脆弱[14]という深刻な弱点も持つことが，複雑ネットワーク科学によって2000年前後頃に明らかにされた．利己的な便利さや効率を追求すると，こうした脆弱なSFネットワークが残念ながらできてしまう．つなげる先のノードをその次数に比例して選ぶ，"rich-get-richer" 法則（強者がより強くなる法則）とも呼ばれる優先的選択に従う**利己原理**から脱却した，全く新しいネットワーク構築原理を探る理由はここにある．

一方，近年，数値シミュレーション[15),16)] と理論[17]の双方のパーコレーショ

ン解析（本章末のコーヒーブレイク参照）によって，正の**次数相関**を持つ**玉葱状構造**が SF ネットワークへのハブ攻撃に対する**頑健性**（結合耐性）を最適に改善できることが明らかとなった．正の次数相関を持つとは，リンクで結ばれて隣接するノード i と j の次数 k_i と k_j の相関関係をネットワーク全体でみると正相関の傾向があることをいう．玉葱状構造は，次数の大きい順に中心から周辺に同心円上にノードを配置すると，正の次数相関を強くする同程度の次数を持つノードが結合することで玉葱状に可視化されることからそう呼ばれる．また正の次数相関を持つ性質は assortative とも呼ばれる．ただし，玉葱状構造は assortative であるが，assortative なネットワークが全て玉葱状構造を持つとは限らず，両者は別の概念である[15), 18)]．すなわち，正の次数相関をより強くして assortative 性を高めても，必ずしも頑健性が向上するとは限らない．

　一般に，悪意のある攻撃や不慮の故障で機能しなくなったノードとそれに結合するリンクがネットワークから除かれると，互いにつながった残りのノードからなる最大連結成分（最大のクラスタ）は小さくなる．攻撃や故障が増えてノード除去率が大きくなると，互いに通信可能な最大連結成分はいつかは崩壊するが，それに耐えられず崩壊する直前の臨界点の除去率が高いほど，頑健性が高いといえる．一方，玉葱状構造は任意の次数分布に対して頑健性の向上に効果的と考えられるが，何らかの方法で構築したネットワークから次数相関を強化するよう，A–B と C–D を A–D と C–B という具合に 2 本のリンクの両端を張り替えて全体を**リワイヤリング**する方法が提案されている[18)]ものの，ネットワークを成長させながら玉葱状構造を自己組織化する方法は見出されていない．

　そこで，局所的な**部分コピー操作**を基本として，ネットワークを成長させながら玉葱状構造を自己組織化する以下の構築法を著者は提案している[19)]．

【成長しながらより頑健になる玉葱状ネットワークの構築法】

Step 0：連結した 2 ノードなど，初期構成を設定する．

Step 1：毎時刻 $t = 1, 2, 3, \cdots$ に，新ノード 1 個を追加しながら，一様ランダムに選択したノードに相互リンクする．更に部分コピーとして図 **9.1** の

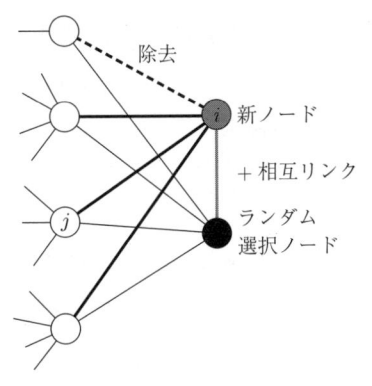

図 9.1 部分コピー操作（太線が新たに追加されたリンク）

ように，その新ノード i からランダム選択されたノードの隣接ノード j に以下の確率 $(1-\delta) \times p$ でリンクする．

$$p = \frac{1}{1 + a|k_i - k_j|}$$

ここで，$0 \leq \delta \leq 1$ はリンク除去率，$a > 0$ はパラメータ，k_i と k_j はそれぞれノード i と j の時刻 t における次数を表す．k_i と k_j の値が近いほど確率 p は大きくなり，そのノード i と j が結合することで次数相関が強くなる．

更に，時間間隔 IT ごと（$t = IT, 2IT, 3IT, \cdots$）に $p_{SC}M(t)$ 本だけ，一様ランダムに選択したノードペア間を上記の確率 p で**ショートカット**リンクする．$0 < p_{SC} < 1$ はショートカット追加率，$M(t)$ は時刻 t におけるネットワークの総リンク数を表す．ただし，自身と結合するノードの自己ループや同じノード間の多重リンクは禁止し，その際には別のノードペアを選び直す．

Step 2：上記の処理を，与えられたネットワークのサイズ（総ノード数）N になるまで繰り返す．

複写に基づくネットワーク構築法は **Duplication-Divergence**（D–D）モ

デル[20),21)]として知られ，タンパク質相互作用の基本モデルと考えられてきたが，リンク除去率 $\delta < 1/2$ ではサイズ N を十分大きくしても総リンク数 M に関するネットワークサンプルの偏差

$$\chi \stackrel{\text{def}}{=} \frac{\sqrt{\langle M^2 \rangle - \langle M \rangle^2}}{\langle M \rangle}$$

がゼロに収束せず**自己平均**（self-averaging）ではない特異性を示す[21),22)]ことが問題であった．紙面の都合上，D–D モデルに関連した理論解析は文献21)及び，自己平均性に関する効果を含めて書籍[9)]を参照されたい．提案モデルは D–D モデルを拡張して，新ノードとランダム選択ノードの相互リンクによって特異性を解消しつつ，次数相関を強化するノード同士を高い確率で結合し，更に以下の機能を伴って玉葱状構造を自己組織化する．似た次数のノード同士を結合することは，利己原理から脱却した一種の**協調原理**に従うと捉えられる．

1. **相補的な頑健性向上機能**：部分コピー操作のみで高次数ノード間の結合相関は強くなるが，ショートカット追加によって，特に低次数ノード間の結合相関が補強される．これによって，ネットワーク全体の頑健性が向上する．

2. **局所代替機能**：部分コピー操作で，隣接ノード j にとって新ノード i は選択されたノードの中継機能を代替するアクセス点となる．これはパスを最も局所的に二重化し，同じノードへの選択回数が増えるに従って多重化していく．

部分コピー操作におけるノード j への二重選択で，ランダム選択ノードの隣接ノードは次数に比例して選ばれやすいことに気づけば，これは優先的選択に相当し，そのランダム選択ノードの次数が大きいときには新ノードの次数も大きくなる可能性が高く，そこに新ノードと隣接ノードの間の次数相関の効果も加わって高次数ノード同士が相互に結合するコア部分を形成する．ただし，部分コピー操作だけでは木状構造となり，特に低次数ノード間の次数相関が弱い[19)]．一方，提案モデルの次数分布は指数分布で近似できるため，最大次数が抑えられてコネクションの維持や（一般に高次数ノードに集中しがちな）通信トラヒック

9.3 レジリエントな玉葱状ネットワーク

の負荷を緩和できる点でも都合がよい[19]．例えば，サイズ N が 1 億 (10^8) とすると，SF ネットワークにおけるべき乗次数分布では最大次数は $O(\sqrt{N})$ で数万程度になるのに対して，指数分布では $O(\log N)$ で数十程度になり，コネクションを維持するためにノードにかかる局所的な負荷だけ見ても大幅に少なくできる．また，玉葱状構造では，最大次数 k_{max} のノードと最小次数 k_{min} のノードをつなぐパスの中継ホップ数が玉葱状の同心円の階層数分の $k_{max} - k_{min}$ は少なくとも必要でパスが長くなると考えられるが，指数的な次数分布を持つ提案モデルでは $O(\log N)$ まで減らせる．一方，全体をリワイヤして玉葱状構造にした SF ネットワークでは $k_{max} - k_{min}$ は $O(\log N)$ より大きい $O(\sqrt{N})$ となる．更に，災害等に対する応急対応期における情報システムの要件として指摘される[8]，「創発」や「即興性」は自己組織化に，「多重性」は部分コピーで生成される図 9.1 に示すような新ノード経由の冗長パスにそれぞれ対応する．

考えてみれば，コピー操作は自然界や人間行動に数多く見られ，成長や進化により共通性と多様性を担う基本原理とも考えられる[23]．「複製」とは，「ある一つのもの（オリジナル）から，それと同じもう一つの，あるいは同じ複数のものをつくりだす行為，あるいは，オリジナルと似た別のものをつくりだす行為」と定義される[23]．また，ランダム選択されたノード間の比較的長いショートカットリンクは組織論におけるメンバー間の遠距離交際[24]に相当して，地理的に離れた孤立部分を橋渡しする役目を担う．しかも，ショートカットによってノード間をつなぐより短い中継数のパスが得られ，通信効率を損なわず頑健性を強化していると考えられる．

ここで，空間上の**ノード配置**を考えてみる．例えば，**図 9.2** のように，Step 1 においてランダム選択ノードから任意の方向に半径 $r_{min} < r < r_{max}$ の間に新ノードを配置する[25]と，比較的短いリンクでネットワークを構成できる[19]．もちろん，避難所や物流拠点に基地局ノードを配置するのがより現実的であるが，距離が近い箇所もノードの設置候補と考えるのは自然であろう．

図 9.3(a) はこうして空間上で増殖するネットワークを，図 (b) は（各ノード

150　9. 情報ネットワークとレジリエンス

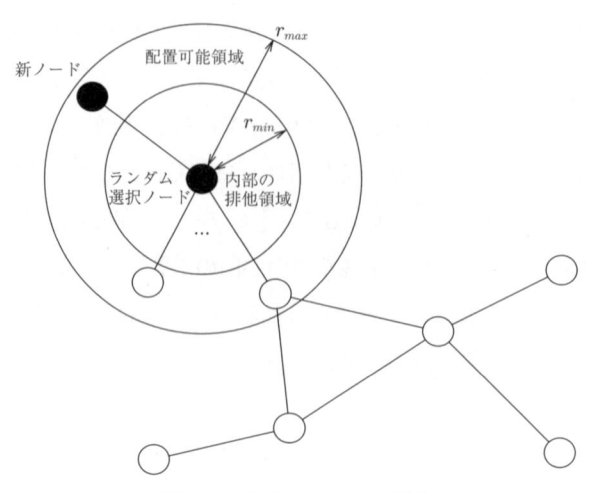

図 9.2　空間上のノード配置

を次数に比例した丸の大きさで表示して，ノードの空間配置を無視して可視化した）対応する玉葱状のトポロジー構造をそれぞれ示し，上からサイズ $N = 200$, $400, 600, 800, 1\,000$ の時間発展に伴って玉葱状構造がより鮮明に現れることが見て取れる．空間上でネットワークが成長しながらトポロジー的には強い攻撃耐性を持つ玉葱状構造が創発できる点が特筆される．実際，提案モデルは成長するに従って玉葱状構造を創発しながら，より頑健でより効率的（短いパス長）となることが数値実験で示されている[19]．

更にレジリエンスの観点からは，つぎのような項目に関してより具体的な検討をしていくべきであろう．

- 成長途中で頻繁に加えられる攻撃などに対しても，提案手法で構築されたネットワークが玉葱状構造を維持あるいは復元させて耐えられること．ネットワーク成長のための設備投資（資源配分）や地形及び拡張性（表面成長など）などに関するノード配置の制約が，頑健な玉葱状構造の維持にどう影響するかも重要な課題と考えられる．
- Step 1 の部分コピー操作は，被害を受けて機能しなくなった（ネットワークから除去されたことに相当する）ノードの機能を補う役目も担う．す

9.3 レジリエントな玉葱状ネットワーク

(a) 空間上で増殖する
ネットワーク

(b) ノードの空間配置を
無視して可視化した玉
葱状のトポロジー構造

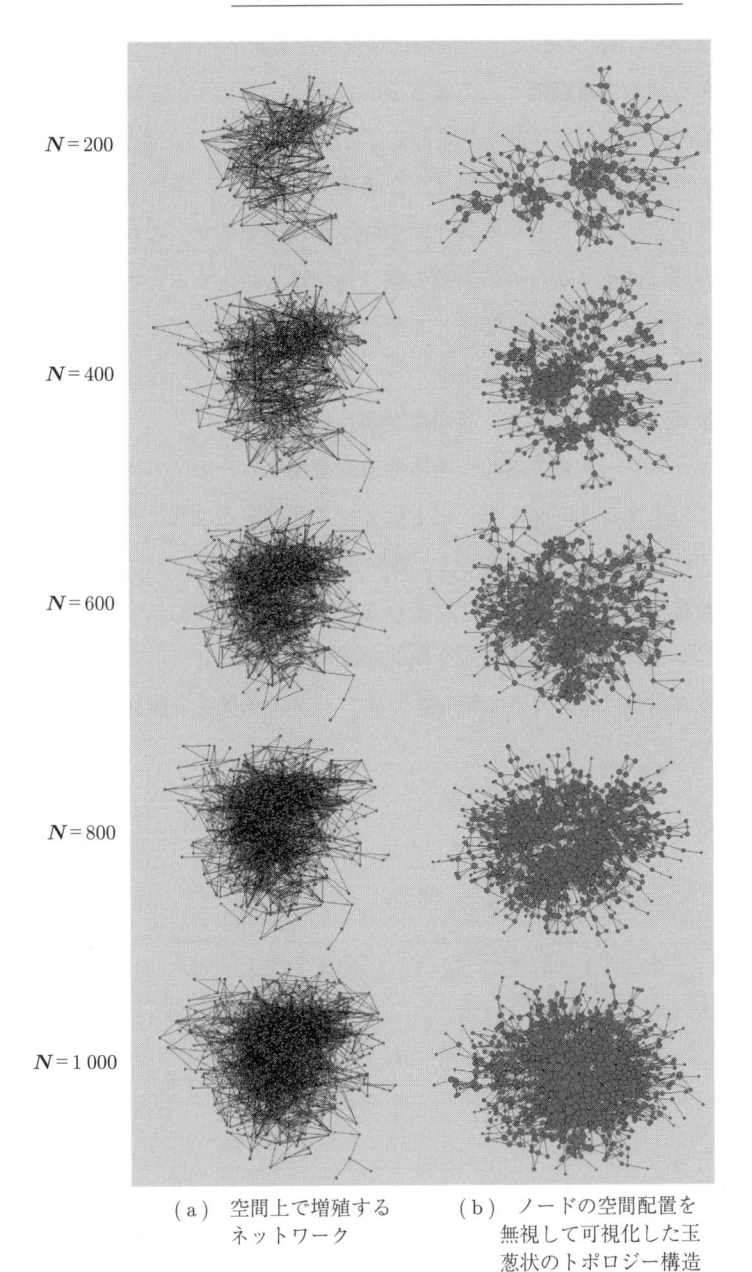

図 9.3 成長するネットワーク ($\delta = 0.5$, $p_{sc} = 0.006$, $IT = 50$)

なわち，除去されたノードの代替役となる新ノードを近くに補充すれば，ある種の**治癒機能**として被害箇所に適応した局所的な対処ができる．

- 時間発展とともに，リンク除去率 δ，ショートカット追加率 p_{SC}，ショートカット追加の時間間隔 IT を調整することで，ネットワーク成長における追加リンク数や次数相関の強さが制御できる．これらパラメータの調整は修復するための資源の割り当てにも対応すると考えられ，こうしたスケジューリングを通じて通信パケットの到達率や通信遅延に影響する（送受信ノード間の中継ホップ数で計られる）パス長に関する通信性能（パフォーマンス）の回復が図れる．
- ネットワークの基本的な連結性能を把握するために，従来は不慮の故障に相当するランダムなノード除去や悪意のある攻撃に相当する次数順のノード除去に対する頑健性が議論されることが多かった．しかしながら，地震や洪水などの災害ではそれらとは異なる空間的に広がった被害が生じやすい．現実性のある空間的な被害をシミュレートしつつ，そうした被害状況に適応できる情報ネットワークの構築法を検討しなければならない．

9.3 レジリエントな玉葱状ネットワーク

☕ ノード攻撃に耐える玉葱状構造

頑健性に関する**パーコレーション（浸透）解析**[26)] について触れておこう．段々と漁網が傷ついて結び目（ノード）が取り除かれ所々に点在した穴が大きくなり，ついにはバラバラになる様子を考えよう．情報ネットワークにおいて，ある割合 q だけ故障や攻撃等でノードが正常に機能しなくなったとして，それらのノードを除いた互いに通信可能な連結領域（クラスタ）の大きさを計る．ノード除去の割合 q を高めるに従って複数の孤立した連結領域ができるが，システム内で生き残っている $S(q)$ 個のノードからなる最大連結成分 GC が崩壊する臨界点 q_c が特に着目される．この臨界点で $S(q)$ が急減して GC が崩壊すると，二番以降の大きさの孤立クラスタの平均サイズ $\langle s(q) \rangle$ が増大してピーク値を示す．より大きな臨界値 q_c を持つ中で，q の増加に対して $S(q)$ の減少がより緩やかなほど，故障や攻撃に耐えて多くのノードが互いに通信可能であり，頑健性が高いといえる．

図左側は $p_{SC} = 0$ でショートカット追加がない部分コピー操作による木状構造の場合，図右はショートカット追加した玉葱状構造の場合[19)]，rw：それらでリワイヤした比較[18)] の結果を示す（$N = 5\,000$, 平均次数 $\langle k \rangle \approx 6.3$）．特に図右側では，玉葱状構造が rw：とほぼ同じ特性で得られ，頑健性は近似的最適となる．

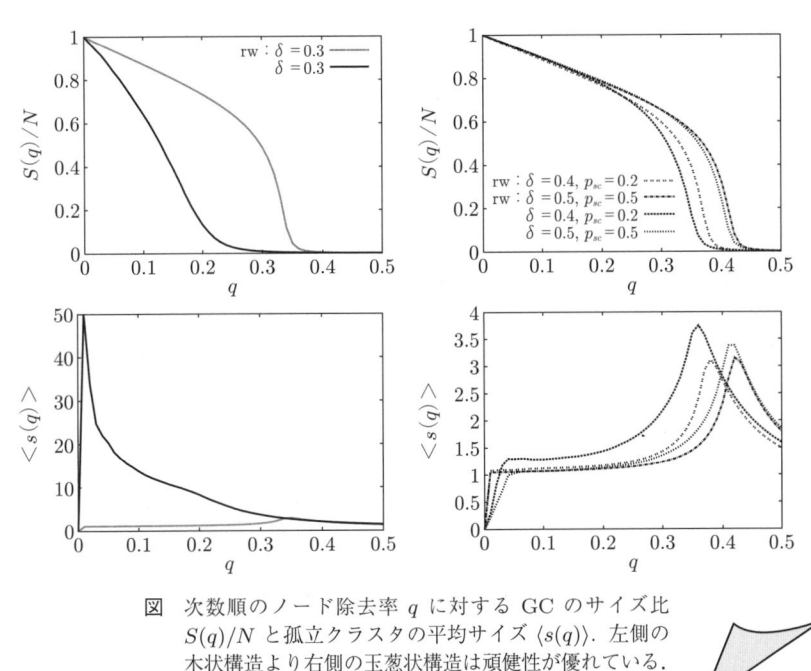

図 次数順のノード除去率 q に対する GC のサイズ比 $S(q)/N$ と孤立クラスタの平均サイズ $\langle s(q) \rangle$．左側の木状構造より右側の玉葱状構造は頑健性が優れている．

第10章
通信行動とユーザ心理のモデル化

　急速に進化を遂げる通信市場において次々と生み出される通信サービスは，コミュニケーションのあり方を変えている．移動通信の高度化により，ユーザは時間と場所の二つの束縛から解放され，いつでも・どこでもサービスを利用可能になった．これに伴い，通信ネットワークではこれまで想定していなかった課題が生まれ始めている．例えば，交通機関やイベント会場など人が大量に集まる場所で，輻輳による通信品質の劣化が問題となっている．また，通信と放送の連携により，これまで独立性の強かったユーザ間の行動に同期性が生まれ，トラヒックの集中発生による設備利用効率の劣化が起こっている．トラヒック集中による輻輳は，音声電話が大半であった時代にもチケット販売のイベント時などに観測されてきたが，大量のトラヒックを発生させるスマートフォンやタブレットPCの登場により，分量や時間的集中度，発生頻度が増加傾向にある．

　こうした状況下で，従来型のネットワーク設計・制御技術による効率的かつユーザ満足度が高いネットワークの構築が困難になってきている．ユーザが置かれた状況（コンテキスト）に依存して発生するトラヒックを収容し，高効率な通信ネットワークの設計・制御を行うには，人が通信サービスを利用する際に，何を体験し，どのように感じ，行動をしているのかを分析して，その集団が示す行動の傾向を理解する必要がある．本章は，通信サービス利用時の**待ち時間**に対するユーザ心理の分析を例にして，ネットワーク利用者の心理や行動の定量化及びモデル化の手法について論じる．通信トラヒックを発生させる行動（**通信行動**）の特徴を理解することで，通信ネットワークのさらなる品質向上や新しい制御技術の研究開発が促進されることを期待したい．

10.1　通信ネットワークのQoE

　本節では，通信ネットワーク利用者の心理状態の定量化に対する一つのアプ

ローチとして，**QoE**（体感品質）評価について説明する．

10.1.1 QoE とは

通信サービス利用者の心理状態の定量化は，品質という視点から音声や映像を対象とした主観評価の分野で長く研究が行われてきた．特に国際機関であるITU（International Telecommunication Union）において標準化が活発に行われている．例えば，音声電話に関するITU-T P.800 シリーズ[1] や映像に関するITU-R BT.500 シリーズ[2]，音響に関するITU-R BS.1116[3] などで，評価環境や手順などが勧告されている．基本的な手法は，提示した音声や映像サンプルに対して実験参加者が**オピニオン評価**した満足度などの主観評価値の平均（Mean Opinion Score：**MOS**）を算出するものである．測定された値は，端末や通信ネットワークを含むサービス全体の品質を示す値として利用される．

通信品質は，ユーザ視点での主観評価値だけでなく，ネットワーク上で客観的に測定される値によっても規定可能である．そこで，ユーザが体感する品質をQoE（Quality of Experience），ネットワークの性能を示すスループットや遅延，ジッタ，パケットロス率などの値を**QoS**（Quality of Service）と呼んで区別することが多い[4]．ITU では，QoE を以下のように定義している[5]．

The overall acceptability of an application or service, as perceived subjectively by the end-user.

Notes

(1) Quality of experience includes the complete end-to-end system effects (client, terminal, network, services infrastructure, etc.).

(2) Overall acceptability may be influenced by user expectations and context.

QoE はユーザ視点の主観的な品質を示すだけでなく，ユーザが感じる期待やコンテキストの影響を考慮に入れることに特徴がある．このため，通信費[6] や

端末のユーザビリティ[7]などさまざまなパラメータを考慮して，ユーザが体感する品質が測定されている．QoE 評価の一例として，携帯電話上で使用するアプリケーションの違いが，待ち時間に対する体感品質へ与える影響を評価した結果[8]を図 10.1 に示す．縦軸は，待ち時間に対する満足度を 5（非常に満足）〜1（非常に不満）の 5 段階で評価した結果（5 件法）の平均値（MOS）を示している．この実験結果から，待ち時間が同じ長さであっても，利用するサービスやアプリケーション，添付ファイルの有無などの条件によってユーザが感じる体感品質が異なることがわかる．

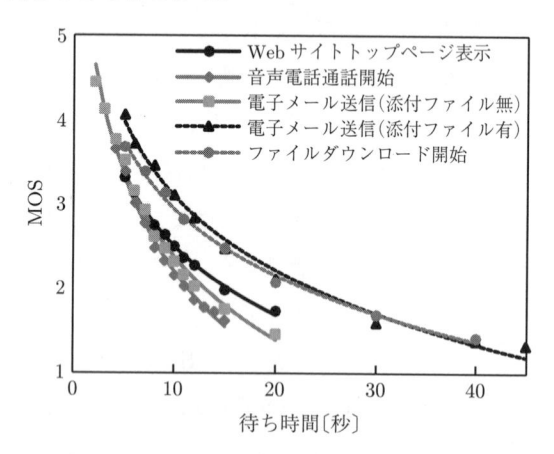

図 10.1 携帯電話による各種サービスに対する QoE 評価例

10.1.2　インターネットサービスの QoE 測定方法

QoE 評価結果を通信ネットワークの設計やトラヒック制御へ適用する場合，通信システム上で制御可能な QoS パラメータと対応付ける必要がある．このため，一般的に QoE 評価実験は，QoS パラメータを統制しながら QoE の評価指標へ影響を与えるコンテキストを変化させて評価する方法がとられる．本項では，QoS パラメータを統制する代表的な二つの手法について説明する．

一つ目の手法は，通信ネットワーク上に QoS 制御機能を持たせて，実際のインターネットサービスを使用して評価を行う方法である．評価システムの構成

例を図 10.2 に示す．ここでは，プロキシサーバに網制限の機能を持たせ，端末からプロキシを経由してインターネットへ接続させることで，QoS を統制した実験を可能にしている．

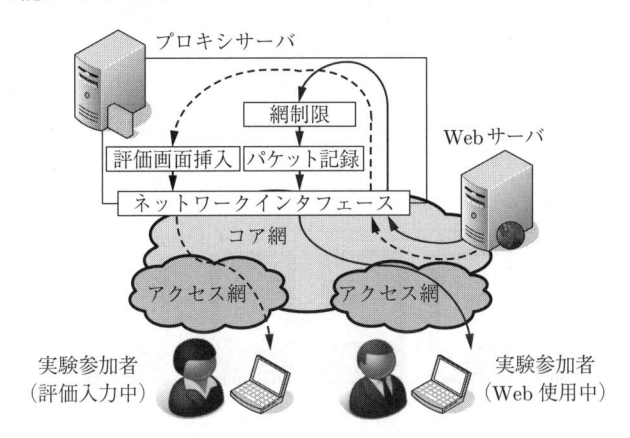

図 10.2 プロキシ機能を利用した評価システムの構成例

二つ目の手法は，実験参加者に擬似的なサービスを体験させて評価する方法である．筆者らが開発した評価システム[10]の構成を図 10.3 に示す．

本システムは，PAC（Program for Artificial Context）により，任意の場所で待ち時間を統制した実験環境を提供する．インターネットの普及により増加した，電子メールや Web ブラウジング，動画や音楽のストリーミングサービスなどの非同期型サービスでは，スループットが QoE に強く影響を与えるとされる[9]．ここで利用者はスループットを直接体感するわけではなく，Web ブラウジングであればページ切り替え時間，ストリーミングであればコンテンツ再生までの時間など，待ち時間を通じてネットワーク品質を体感する．このため，本システムでは待ち時間前後の表示画面を用意し，その間の待ち時間を統制した刺激映像を，Web スクリプトを用いて作成している．Web スクリプトでは，コンテンツをいつどのようなタイミングで再生・表示するかを細かく制御できるため，実際の待ち時間を模擬したアプリケーションの動作を実験参加者に経験させることができる．待ち時間を統制することで，結果的にスループットを統制した環境を間接的に実現しているといえる．

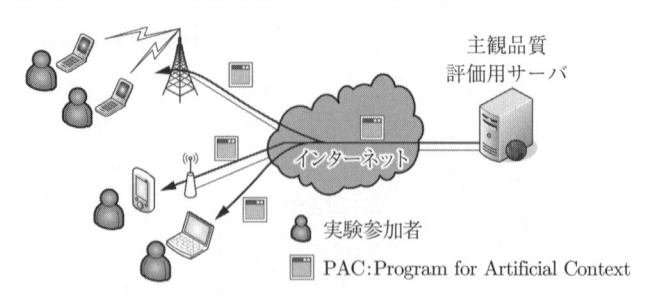

(a) 全体構成図

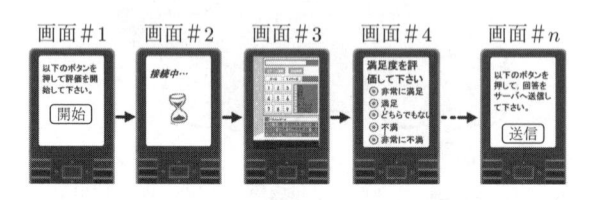

(b) PAC の画面遷移

図 10.3　Web スクリプトを利用した評価システムの構成

　上記の二つの評価手法には，それぞれに長所と短所がある．一つ目の方法では，既存サービスを利用しているため，さまざまな利用行動を評価することができる反面，サービスの性能や機能がシステムに依存しており，実験条件の制約となる．これに対して二つ目の方法では，画面上で表現できるあらゆる実験条件を設定可能であるが，Web サービスなど画面遷移の多い行動を模擬する場合は，実験プログラムの作成にコストがかかる．評価目的に応じてこれらの方法を選択する必要がある．

10.1.3　QoE 評価に基づくネットワークの設計手法

　これらのシステムを用いて定量化された QoE に基づきネットワークの設計を行う場合，まず QoE 値を QoS 値に変換（マッピング）する．これにより得られた QoS 値を品質基準値として，ネットワークの容量設計などを行う．QoE 評価は，設計に用いる品質基準値の精緻化に寄与し，より柔軟かつ効率的なネットワークの実現を可能とする．例えば，ユーザが品質に対して厳しい反応を示

すコンテキストを明らかにし，その状況に合わせた設計を行うことで，ユーザの不満感を抑制することができる．また，利用者が実際に感じる品質を基準とすることで，過剰品質によるコストの上昇を防ぐことも可能になる．更には，空間的な要求品質の変動に合わせた，細やかな設計が可能となる．QoE を評価することにより，品質とコストの適切なバランスをとることができる．

10.2 人とネットワークの相互作用

前節で示した手法はネットワークの設計に有用であるが，現実のサービス利用場面での重要な側面が欠けている．前節で説明した QoE 評価では，ユーザは待ち時間に対して満足や不満などの心的反応を起こす静的な評価者として扱われている．しかし実際には，ユーザはネットワーク品質の変化に対応して，不満を解消する行動を積極的にとる主体的で動的な存在である．このような動的な行動の分析には，**相互作用**を考慮した評価が必要である．

相互作用の観点から通信行動を評価するために，**認知的人工物**（cognitive artifact）という概念を導入する．D. A. Norman は，認知的人工物を以下のように定義した[11]．

"A cognitive artifact is an artificial device designed to maintain, display, or operate upon information in order to serve a representational function."

人が利用をするその時点では「身の回りにあるすべての人工物を認知的人工物」と捉えることができるが[12]，情報の入出力が主目的とされる情報機器は，その最たるものであるといえる．ここで，通信ネットワークが認知的人工物であるということは，前掲の定義に基づけば，ネットワークが状態を示す何らかの情報を保持して，その情報をユーザに提示し，ユーザからの操作が可能であるようにデザインされているということとなる．具体的に考えれば，ユーザは端末を通して，ネットワークの状態を示す情報を受け取る．ここでの情報とは，コンテンツの品質や待ち時間である．提示された情報により，ユーザはネットワークの状態を理解し，それに対応して，待機する，中断・切断する，**マルチ**

タスク化するなどのさまざまな行動を選択する（図 10.4）．ネットワークを認知的人工物であるとして，通信サービス利用時の人とネットワークの相互作用を捉えることで，QoE 評価によるユーザ心理の定量化を拡張して，動的なネットワーク利用行動を総体として理解し，通信ネットワークやサービスの設計に人の心理や行動を適切に反映することが可能となる．

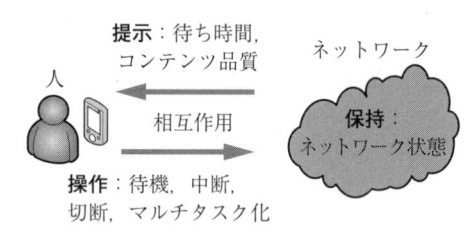

図 10.4 認知的人工物としての通信ネットワーク

10.3 心理・行動のモデル化

本節では，人とネットワークの相互作用の観点から，通信ネットワーク利用者の心理や行動をモデル化する手法について説明する．

10.3.1 「待つ」行為の認知モデル

10.1.2 項で指摘したとおり，インターネットサービスの利用行動においては，待ち時間が大きなファクターとなる．相互作用のプロセスの中でネットワークから提示された待ち時間に反応して人が起こす行動を理解するには，待つ行為の心的過程を深く理解する必要がある．本項では，待つ行為における認知過程のモデル化について述べる．

人と人工物の間の相互作用の分析においては，人と人工物，課題，それらが発生するコンテキストの四つの要素を同時に考察する必要がある．また，扱うべきユーザの特性として，以下の 4 層の要因を考慮する必要がある[13]．

（第 0 層）身体・知覚的要因

（第 1 層）認知的処理

(第2層) 知識・過去の経験に関する記憶
(第3層) メタ認知・態度・目標設定・方略

この枠組みに基づき，図 10.5 に待つ行為の**認知モデル**を示す．この図では，分析の対象となる第1層の認知的処理を，ユーザが予測している待ち時間長と実際に感じた待ち時間の比較による主観評価の表出としてモデル化し，第0層，第2層，第3層が，それぞれ心理的待ち時間の形成，待ち時間長の予測値の形成，主観評価の表出の心的過程に影響を与えることを示している．

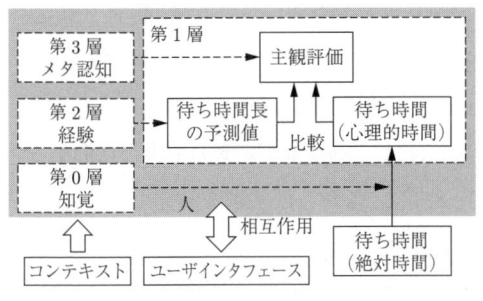

図 10.5 ICT 利用時の待つ行為の認知モデル

各層からの影響については，さまざまな研究により明らかにされてきている．人が感じる時間は心理的時間と呼ばれ，時計で計測される時間（絶対時間）とは異なるものとして，心理学研究の対象とされてきた．心理的時間の研究では，心理的時間の長さに対して，知覚（第0層）や認知（第1層）の過程が影響することが示されている[14)~16)]．また，図 10.1 の結果は，待ち時間への満足度がサービスにより異なることを示している．これは，待ち時間長の予測値が過去の経験（第2層）に基づいて形成されているためと考えられる．更に，主観評価の表出に対するメタ認知（第3層）の影響としては，通信状態の悪化を事前に謝罪することで，不満が緩和される結果が報告されている[17)]．

このような認知モデルにより，ユーザが置かれたコンテキストや，ユーザインタフェースを通じて得られるネットワーク状態の提示が，待つ行為に対してどのような影響を与えているかを包括的に理解することが可能となる．これにより，待つ行為と通信行動の関係を理解し，人とネットワークの相互作用を分

析することが可能となる.

10.3.2 待ち時間満足度の数理モデル

認知モデルは,待つ行為全体の枠組みを理解する上では有用であるが,定性的な特徴を示すものであるためシステムシミュレーションなどに組み込むことはできない.ネットワークの設計・制御には,ユーザの心理や行動を説明するための定量的な特性を表す数理モデルが必要となる.

心理状態に数値を割り当てる方法については,視覚や触覚といった感覚の強さを対象とした精神物理学の分野で精力的に進められた.G. T. Fechner は,「感覚の強さは,刺激の強さの対数に比例して増加する」とする,**Fechner の法則**を提唱し,S. S. Stevens は,「感覚量が刺激の冪乗に比例する」とする,**Stevens のべき乗則**を提案した[18]. これらの法則を援用して QoE を評価した MOS 値に対する回帰曲線を算出することで,任意の刺激に対する MOS を推定する数理モデルを得ることができる.Fechner の法則や Stevens のべき乗則は,視覚や聴覚の反応に対する実験結果から経験的に得られたものであり,待ち時間に対する満足度評価の心理プロセスは異なるものであると考えられる.また評定尺度法で得られるデータは順序尺度であり,厳密な意味においては加減算を行うことはできない.しかし,これらの法則を援用した,対数回帰やべき乗回帰は,待ち時間に対する満足度の評価結果に対しても,高い整合性を示す(**図 10.6**).ま

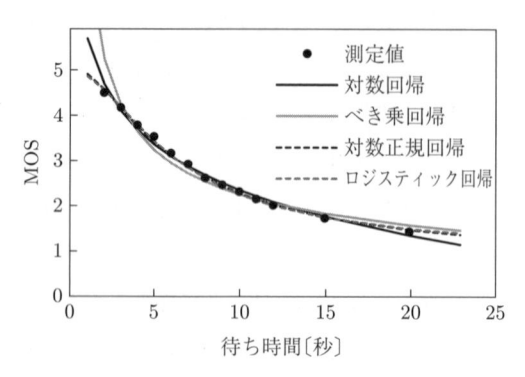

図 10.6 MOS 推定モデルに基づく推定結果

た，回帰式の導出が最小二乗法により容易に行えるため，評価しやすいという利点がある．ただし天井効果や床効果により，待ち時間が非常に短い場合や長い場合には実測値との乖離が大きくなるという問題があるため，MOS の最大値や最小値付近での高い整合性が求められる場合は，ロジスティック回帰や対数正規回帰を用いるとよい．

例として対数正規分布を仮定した回帰式による数理モデルの計算方法を示す．5 件法で満足度を評価した場合，まず測定値 S を $S' = (S-1)/4$ として $0 < S' < 1$ の値に変数変換を行う．こうして求められた S' に対して，式 (10.1) で表される対数回帰の累積確率関数の係数 α, β を，最小二乗法により求める．

$$S' = \frac{1}{\sqrt{2\pi}} \int_{-\infty}^{\alpha+\beta \ln(t)} \exp\left(-\frac{x^2}{2}\right) dx \tag{10.1}$$

具体的には，S' を式 (10.2) により変換した値を用いて，式 (10.1) の係数を求める．

$$F^{-1}(S') = \alpha + \beta \ln(t) \tag{10.2}$$

ただし

$$F(z) = \frac{1}{\sqrt{2\pi}} \int_{-\infty}^{z} \exp\left(-\frac{x^2}{2}\right) dx \tag{10.3}$$

待ち時間に対する満足度評価を行った実験結果へ数理モデルを適用した結果を**表 10.1** と図 10.6 に示す．本評価は 10.1.2 項で示した Web スクリプトを利用した評価システムを用いて，携帯電話による電子メールの送信完了までの待ち時間に対する満足度評価実験を実施した結果である．実験参加者は，携帯メール送信を模擬した PAC を用いて，5 件法にて回答をしている．実験参加者数は

表 10.1　回帰式と平均二乗誤差

回帰モデル	α	β	平均二乗誤差
対数回帰	-1.46	5.69	0.0090
べき乗回帰	-0.53	7.54	0.0617
対数正規回帰	-1.77	3.27	0.0024
ロジスティック回帰	-1.06	1.96	0.0023

492 名(うち評価対象は474名)で,13種類の待ち時間(2, 3, 4, 5, 6, 7, 8, 9, 10, 11, 12, 15, 20秒)に対して回答が行われた.

ここまで説明をした数理モデルは,非常に簡易に待ち時間と MOS の関係を推定することが可能であり,有用なモデルである.しかし,本モデルで推定される MOS を,設計あるいは運用段階で適用する場合には,なんらかの判断に基づいて基準となる MOS 値を設定する必要がある.ここで,回答の分布自体を推定することができれば,「ユーザが不満足と回答する確率を30%以下とする」といった品質基準値を設定することができ,より直感的なネットワークの設計が可能となる.本項では例として対数正規分布を仮定して回答分布を推定するモデルについて説明を行う.

本手法は,各待ち時間における実験参加者からの回答が i $(i = 1, 2, \cdots, X)$ 以下となる確率が,対数正規分布に従うことを仮定して得られるモデルである.具体的には,待ち時間 t において回答が l となる確率 $P_l(t)$ を求め,正規分布の確率密度関数の逆関数を用いて,式 (10.4) の係数を最小二乗法により求める.

$$F^{-1}\left(\sum_{l=1}^{i} P_l(t)\right) = \alpha_i + \beta_i \ln t \tag{10.4}$$

図 10.6 で示した結果に対して,回答分布推定モデルによる分析を行った結果を図 10.7 に示す.各曲線の平均二乗誤差が,2.6E-3〜1.2E-3 に収まっており,

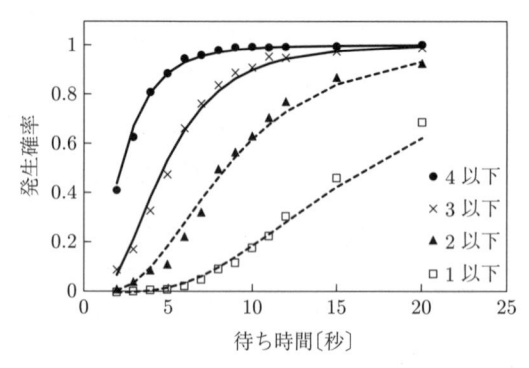

図 **10.7** 対数正規分布を仮定した回答分布推定モデルの分析結果

よくフィッティングされていることがわかる．

10.4 通信行動のモデル化に向けて

ここまで待ち時間に着目をして通信ネットワーク利用者の心理状態の定量化とモデル化を行う手法について述べた．これらのモデルを通信ネットワークの制御や設計に生かすためには，更に心的過程から生まれる行動についての議論が必要となる．例えば，図 **10.8** は，式 (10.4) で示された回答分布推定のモデルに，トラヒックログの分析により得られた動画サービスを途中切断する確率[19)]をあわせて示している．この結果から，切断の確率は 2（不満）以下と答える確率と，3（どちらでもない）以下と答える確率の中間的な特性を示していることがわかる．待ち時間の増加に対して満足度の低下を示す曲線と，切断確率の増加を示す曲線が類似した傾向を示していることから，切断行為が待ち時間に対する満足度と強く相関していることが推察される．また，切断確率と 2 以下と答える確率が一致していないことから，必ずしも不満を持っていないユーザでも切断動作へと移っている可能性が示唆されている．これより通信行動のモデル化においては，不満と切断行為の間に確率的な関係性を考慮したモデルが必要であることがわかる．

これまでの通信ネットワークの設計は，品質という観点から利用者の心理状

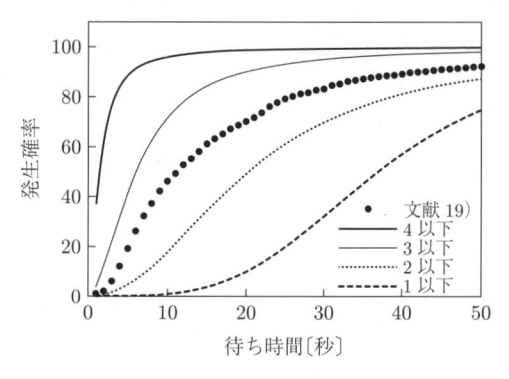

図 **10.8** 満足度と切断行為の関係

態を定量化し，それを品質基準値として利用する手法が長らくとられていた．しかし本章で示したとおり，さまざまなメディアと通信サービスが連携して利用される今後のサービスのあり方を想定した場合，通信状態に応じた利用者の行動までをも通信ネットワークの設計や制御において考慮する必要があると考えられる．このことから，本章で導入した人とネットワークの相互作用を考慮したモデル化などを通じて，待つ行為における人の認知過程を包括的に分析して通信行動を理解することが，通信システムやサービスの設計を行う上で有用である．

☕ マルチタスキングは，パフォーマンスを低下させる？

　PCや携帯電話でのファイルダウンロードで長い待ち時間が発生した際，皆さんはどのような行動をとるだろうか．こうしたとき，ほかの作業をしながら完了を待つ人も多いであろう．近年，テレビを見ながらPCを使う，音楽を聴きながら仕事をするなど，さまざまなことを同時に行うマルチタスクが増加傾向にある．また，運転をしながら携帯電話を使うことや歩きながらスマートフォンを使うことが，事故を誘発しているとして社会問題にもなっている．

　マルチタスクを行う人は，無駄な時間を有効活用し，複数のタスクを同時に進めることで作業効率が上がることを期待していると思うが，実際のところマルチタスクは人のパフォーマンスにどのような影響を与えているのだろうか．これについては，心理学の分野で研究が進められており，多くの研究結果が，マルチタスクは人のパフォーマンスを低下させるとしている．

　E. Ophirらの研究[20]では，質問紙を用いてマルチタスクの習慣が多い人と少ない人に分け，注意の切り替えを測定する実験結果を比較した．その結果普段からメディアの同時利用が多い学生は，少ない学生と比較して低いパフォーマンスを示したと報告されている．これは，マルチタスクを頻繁に行っている人は複数の対象に注意を向けてしまう傾向があり，一つのことに注意を向ける能力が低くなっているためであると説明されている．これに対して，マルチタスクによってパフォーマンスが上がるとする研究も少ないながらも存在する．K. F. H. Luiらは視覚と聴覚に入力される刺激を連動させて行う課題で，マルチタスク習慣の多い人のパフォーマンスが高いことを示した[21]．

　マルチタスクが人の能力にどのような影響を与えているのか，今後の研究で明らかになることに期待したい．

第 11 章

ソーシャルネットワーク構造を反映した情報ネットワーク制御モデル

本章では，ソーシャルネットワークにおけるユーザ間，またはユーザと事業者間などに関する社会的距離を考え，社会的距離を反映したネットワーク運用ポリシーの観点から，望ましい情報ネットワークの制御方法について論じる．

11.1 ソーシャルネットワーク構造と社会的距離

人と人との関係を表す**ソーシャルネットワーク**（社会ネットワーク）の構造は，数学的にはグラフで表現することができ，リンクの方向性を考慮するかどうかで有向グラフまたは無向グラフを用いた表現が可能である[1),2)]．本章ではおもに無向グラフ（以降は単にグラフ）を扱う．

11.1.1 社会的距離とコンテンツ流通範囲

図 11.1 のように，ソーシャルネットワーク構造を表すグラフでは，人がノードで表され，人と人との直接的な関係がリンクで表される．例えば，ノード A–B 間に友人関係があればリンクで相互に接続される．このようなグラフを用いると，人と人との社会的関係の強さをグラフ上の距離で定量的に表現することができる．ソーシャルネットワークをモデル化したグラフ上で，ノード i からノード j までの**社会的距離** $d(i,j)$ を定義する最も簡単な方法は，**最小ホップ数**を距離とすることである[1),2)]．ホップ数とは，ノード i からノード j までグラフ上をたどったとき経由するリンクの数であり，最小ホップ数はホップ数が最小となる経路のホップ数である．図 11.1 の例では，ノード A–B 間の社会的距離は

11. ソーシャルネットワーク構造を反映した情報ネットワーク制御モデル

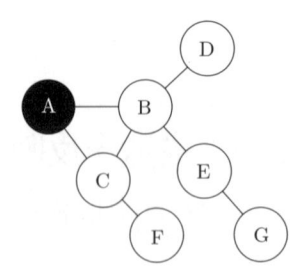

図 11.1 ソーシャルネットワーク構造を表すグラフ

1、ノード A–D 間の社会的距離は 2 である．ホップ数が 1, 2 である社会的関係は，日常ではそれぞれ「友人」，「友人の友人」と表現されることが多く，口コミによるマーケティングのターゲットとしても重要な概念である．これは，人の心理的な性質として，見知らぬ他人からもたらされる情報よりも友人からもたらされる情報に心を許しがちであることを反映しているからであろう．この例が示唆するように，社会的距離に応じた情報流通のあり方を考察することは重要な試みである．

本章では「適当な社会的ポリシーを反映した社会的距離に対し，その距離が近い範囲でコンテンツの提供・取得されるのが望ましい」という考え方に基づいた議論を進める．ここでいう**コンテンツ**とは，情報ネットワークにおいてファイルという形式で送受信されるもので，テキストや画像で表現された人々が意味解釈できるものを想定している．また，社会的ポリシーとは，以下のような**有用性，機密性，倫理性**の観点で説明される．

有用性：コンテンツが提供されている範囲の人々がそのコンテンツを必要としていること．

機密性：コンテンツが提供されている範囲にそのコンテンツを取得する権限を有さない人々が含まれないこと．

倫理性：コンテンツが提供されている範囲に倫理的にそのコンテンツを取得すべきではない人々が含まれないこと．

例えば，コンテンツとしてブログやソーシャルネットワーキングサービスの記事を想定する．社会的距離が 1 ホップである人々は例えば家族や友人であり，

こういった人々との間では有用性の高いコンテンツの提供・取得が行われ，また，機密性や倫理性の点で問題が生じることは少ない．一方で，社会的距離が遠い人々は例えば住む国も世代も異なる人々であり，こういった人々とのコンテンツの提供・取得は有用性，機密性，倫理性の点で不確かである．

社会ネットワーク上のノードを個人から事業者に拡張してもよい．例えば，動画配信事業者を想定すると，契約のある事業者との社会的距離は1ホップで表すことができ，こういった事業者から提供されるコンテンツには高い有用性，機密性，倫理性を期待できるが，よく知らない社会的距離の遠い事業者から提供されるコンテンツの有用性，機密性，倫理性は不確かである．

11.1.2 さまざまな社会的距離の尺度とソーシャルネットワーク構造の変化

前項では，ソーシャルネットワーク上の最小ホップ数を社会的距離と定義し議論を行ってきた．しかし，社会的距離にはほかの定義もあり得ることに注意が必要である．例えば，ソーシャルネットワーク上の**共通隣接ノード数**を尺度として社会的距離を定義することができる．ノード i, j の隣接ノードの集合をそれぞれ $N(i)$, $N(j)$ とすると，ノード i, j の共通隣接ノードの数 $C(i,j)$ は $C(i,j) = |N(i) \cap N(j)|$ で与えられる．このとき，ある適当な単調減少関数 F を用いてノード i, j の社会的距離 $d(i,j)$ を $d(i,j) = F(C(i,j))$ とする．図**11.2**の例においては，AさんとBさんの間に共通隣接ノードC, X, Yが存在している．このときAさんとBさんとの社会的距離は，共通隣接ノードの数3から $F(3)$ と測定される．ノードC, X, Yが個人であるときこれらはAさんとBさんの共通の友人である．すなわち，本尺度は，共通の友人が多いほど社会的に近いという直観とも一致している．ノードXやYが個人ではなく事業者や，人以外の**社会的オブジェクト**である可能性もある．ここで，社会的オブジェクトとは，人々が共通の関心の対象としコミュニティを形成する理由となるもの，例えば，職業，地域，スポーツ，音楽，その他の娯楽である．AさんとBさんとの間に職業，地域，娯楽といった共通隣接ノードが多数あれば，AさんとBさんとは社会的に近いといえる．

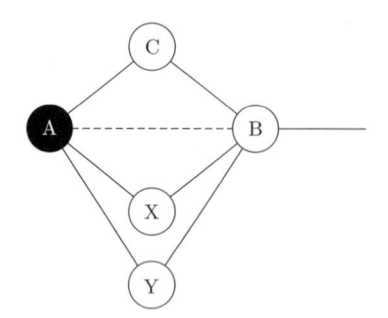

図 11.2　共通隣接ノードの例

　図 11.2 の例において，A さんと B さんとを相互に接続するリンクは破線で表されている．ある時点でこのリンクは存在しなかった，すなわち，A さんと B さんとは互いに友人ではなかったとする．A さんと B さんとの間に共通隣接ノードが多いほど相互を接続するリンクが確立されやすいこと，すなわち，共通の友人を持つ者同士は友人になりやすいという仮説が過去の研究によって実証されている[9]．このように共通隣接ノードを有するノード間に新たにリンクが確立され，これが繰り返されることでソーシャルネットワーク上にコミュニティが形成される[10]．更に，上記の通り，共通隣接ノードは人とは限らず，人以外の職業，地域，スポーツ，音楽，その他の娯楽といった社会的オブジェクトである可能性がある．こういった社会的オブジェクトにより，人と人との間に新たなリンクが確立されることもある．

　共通隣接ノードを有する人と人とは，ソーシャルネットワーキングサービスなど情報ネットワーク上のサービスを利用することで，情報ネットワークがない場合に比べ早く効率的にコンテンツを相互に提供・取得できる．コンテンツが相互に提供・取得されることで人と人との間に相互作用が生じ，ソーシャルネットワーク上に新たなリンクが確立しやすくなる．つまり，情報ネットワークは，ソーシャルネットワークにおけるリンクの確立，ひいてはコミュニティの形成を促進する存在であるといえる．情報ネットワークの構成は 11.1.1 項で述べたようなソーシャルネットワーク上の社会的距離を考慮すべきであると同時に，情報ネットワークが逆にソーシャルネットワークの変化を促進する効果があるのである．このような情報ネットワークとソーシャルネットワークの相

互関係をふまえると，以下のようなサイクルで運用されることが望ましいと考えられる．

1. ソーシャルネットワークを定量的にモデル化する．
2. 社会的距離を考慮して論理ネットワークを構成する．
3. 物理ネットワークにおいても社会的距離を考慮し，コンテンツを転送する際の物理パスを制御する．
4. 情報ネットワークによって生じるソーシャルネットワークの変化を観測し，1.に戻る．

11.2 社会的距離を反映したネットワーク制御

前節の前半では，ソーシャルネットワーク上での社会的距離を考慮してコンテンツの流通範囲を決めることが重要であることをみた．本節では，社会的距離を利用した具体的なネットワーク制御について概説する．

11.2.1 社会的距離に基づく論理ネットワークの制御

情報ネットワークは論理ネットワークと物理ネットワークのレイヤ構造のモデルで表すことができる．図11.3はレイヤ構造の例で，パソコン・スマートフォンなどのユーザやコンテンツ配信事業者が，論理ネットワーク上の論理ノードとして表現されている．ここで，図11.3の左端のユーザに注目してみよう．太線は，左端のユーザから通信相手に直接的に張られる論理リンクを示している．図11.3にはユーザ間の社会ネットワークのグラフは明示していないが，11.1.1項の議論に従い，社会ネットワーク上での社会的距離（最小ホップ数）を数字で示している．この例では，左端のユーザは社会ネットワークでの距離が2以下の相手のみと論理リンクを張っている．このように，社会的ポリシーの観点から社会的距離の近いユーザや事業者に対しコンテンツの取得・提供を制限することで，社会的距離を反映した情報流通を実現することができる．

過去には，掲示板やP2P (Peer-to-Peer) ファイル共有によるコンテンツの

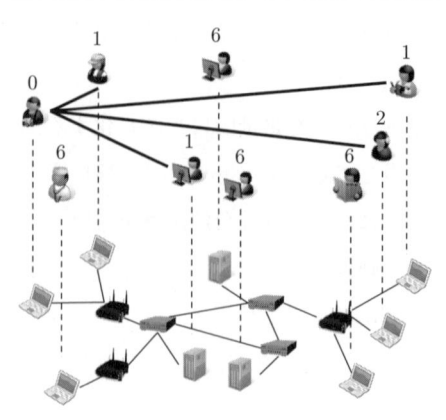

図 11.3 論理ネットワーク（上位レイヤ）と
物理ネットワーク（下位レイヤ）

共有が広く利用されていたが，これらの論理ネットワークは社会的距離とは無関係に構成されていたため必ずしも社会的ポリシーを満足していなかった．近年は，ソーシャルネットワーキングサービスに代表されるように，社会的ポリシーを積極的に考慮し，社会的距離に応じて論理ネットワークを構成するサービスが広く利用されるようになってきている．

11.2.2 社会的距離に基づく物理ネットワークの制御

ある論理ノードからほかの論理ノードへの論理リンクにおいて，コンテンツが転送される際には，実際のデータが物理パス上のルータを経由することになる．このとき，社会的ポリシーの観点から，経由するルータなどの社会的距離を考慮することが望ましい場合があることを示そう．

まず単純な例として，実際の物理ネットワークの端末やルータが，論理ネットワークの論理ノードに対応付けられている状況を考察しよう．このとき，例えば端末とルータとの社会的距離は，その端末に対応付けられたユーザとそのルータに対応付けられたネットワーク事業者との社会的距離で測ることができるとする．図 11.4 の例において，A さんは自身との社会的距離が 1 である B さんと論理リンクを有している（図中のユーザの上にある数字「1」や「?」が

11.2 社会的距離を反映したネットワーク制御

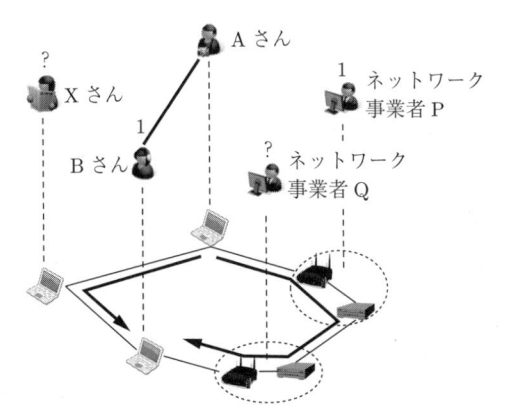

図 11.4 論理リンクと物理パス

Aさんからの社会的距離を表している）．ここでいう「論理リンク」とは，実際の物理パスは一切考慮せずにAさんとBさんの直接的な接続関係の概念のみを表したものである．一方で，AさんからBさんにコンテンツを転送する際に利用する物理ネットワーク上には，二つの物理パスが存在している．一つはアドホックネットワーク的にほかの一般ユーザであるXさんの端末をルータとして含む反時計回りの物理パス，もう一方はネットワーク事業者P, Qのルータで構成されるネットワークを介した時計回りの物理パスである．前者においてXさんとの社会的距離は不明である．後者において，図11.4の二つのネットワーク事業者のうちPはAさんとの契約のある事業者であるが，Qとの社会的距離は不明である．社会的ポリシーの種類や運用によっては，経由する物理パス上のルータの社会的距離の情報を用いて，社会的距離の遠いルータを避けた経路を選択する必要があるかもしれない（物理ノードは論理ノードに対応付けられているので，物理パスを選ぶというより，エンド–エンド間の論理リンクに対して中継ノードとなる論理ノードを指定していると考えることもできる）．以上のように，ソーシャルネットワーク上での社会的距離の情報を適切に物理ネットワークの経路にマッピングすることで，社会的距離を考慮した物理リンクの選択を行うことができる．物理ネットワークにおいて社会的距離を考慮することの利点も，前述の有用性と機密性の観点から説明できる．コンテンツが

社会的に近いルータを経由して転送されるので，機密性を考慮してコンテンツをキャッシュすることができ，また，キャッシュによる通信帯域の効率化や遅延短縮といった通信品質改善の効果として，コンテンツの有用性を高めることができる．具体的には，図 11.5 の例を用いて後述する．

現在のインターネットでも，ネットワーク事業者が社会的ポリシーの観点から，契約のないほかのネットワーク事業者からのトラヒックを自社のネットワークに流入させない，といった制御を行なっている[3]．以下の学術研究では，このフレームワークをネットワーク事業者だけでなく一般ユーザにまで拡張する方式の検討がなされている．新熊らは，社会的距離を考慮した指標に基づいて物理パスを選択する方式を論じている[4]．通信コストでリンクを重み付けし重みの和を最小化する物理パスを選択することは一般に行われているが[5]，この方式は社会的距離と通信コストを複合的に用いた指標を採用しているところに特徴がある．そのほかにも，アドホックネットワークにおける経路選択の際に，社会的距離の小さい中継端末を選択する方法が検討されている[6]．

上記二つの研究では，ルータに対し論理ノードが一意的かつ固定的に対応していたため，論理リンクを介して定義されるルータ間の社会的距離の定義は一対一に対応して明確であり，本質的には論理ネットワークの制御の枠組みで捉えることができるものである．これに対し，**ネットワーク仮想化技術**[7]を用いてルータと論理ノードの関係を多様化すれば，物理的なルータ装置間の社会的距離を変更するような，より柔軟な制御の枠組みを考えることも可能である．これは，ネットワーク仮想化技術によって，ルータ上に論理ノードを柔軟に割り当てることができ，単一のルータ上に互いに独立な論理ノードを複数併存させることもできるからである．同一のルータ装置であっても，その中の仮想ルータを切り替えることにより，対応する物理ルータの社会的距離を変えたり，データ転送に用いる物理リンクを選択するなどの柔軟性を獲得するのである．このような自由度の高いポリシー制御を導入できる特徴を生かして，社会的距離を考慮した物理パスの制御を行うためのアーキテクチャが研究されている[8]．

図 **11.5** に，ネットワーク仮想化技術によって，仮想ルータで構成された論理

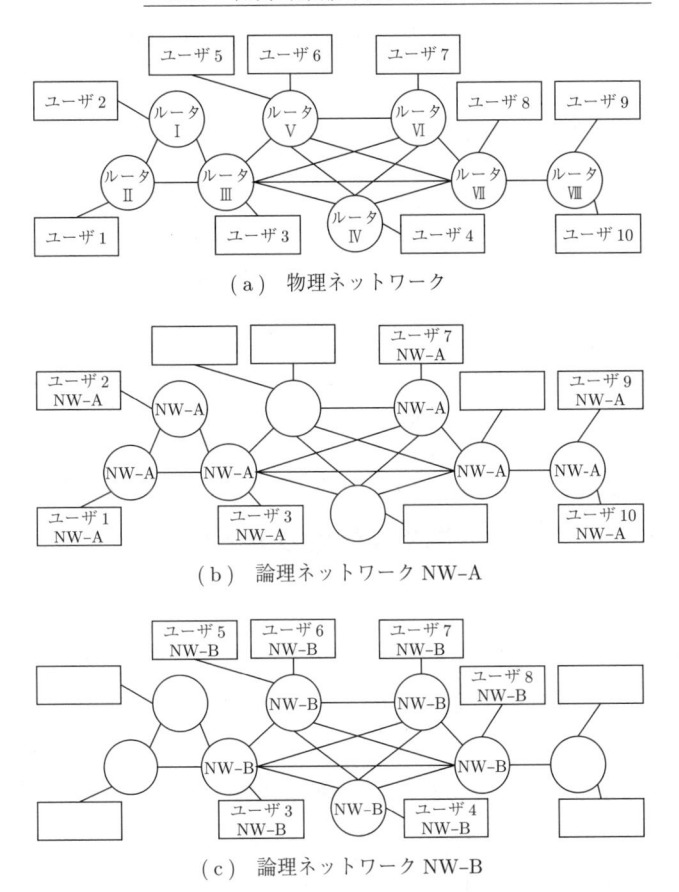

11.2 社会的距離を反映したネットワーク制御

図 11.5 ネットワーク仮想化技術による論理ネットワークと物理ネットワークの関係の例

(a) 物理ネットワーク

(b) 論理ネットワーク NW-A

(c) 論理ネットワーク NW-B

ネットワークと物理ネットワークの関係の例を示す．図 (a) で示す物理的なネットワークを仮想化することで，図 (b) や (c) のように社会的距離が互いに近いユーザで構成された独立なユーザ群による NW–A，NW–B という論理ネットワークが同時に運用可能である．ネットワーク仮想化技術によって，ルータ III，VI，VII のように NW–A，NW–B といった複数の論理ノードを併存させることができるのである．以上のように，ネットワーク仮想化技術を使うことで，物理ネットワークを変更せずにルータに対する論理ノードの対応付けを制御する

ことができ，物理パス上の仮想化ルータの社会的距離を制御することができる．以上の利点は，ネットワーク内にコンテンツをキャッシュする例を考えるとわかりやすい．図 11.5 の例で，NW–A に属するユーザのコンテンツは NW–A に属するルータのみを経由して転送されるので，物理パス上のどのルータにコンテンツをキャッシュしても一定の機密性は考慮されているといえる．また，NW–A にキャッシュされたコンテンツは NW–A に属するユーザ群によって再利用される．これらのユーザは社会距離が近いため互いに嗜好やニーズが似ていると考えられ，キャッシュされたコンテンツが再利用される可能性が高く，キャッシュによる通信帯域の効率化や遅延短縮の効果が期待できる．

11.3 ソーシャルネットワークの構造・分割・ノード間相互作用のモデル

本節では，これまでに紹介したソーシャルネットワーク上での社会的距離の扱い方や，社会的距離の情報を用いたネットワークの分割法，ユーザ間相互作用などについて，数学的な考察を行うための枠組みの一例を紹介する．

11.3.1 ラプラシアン行列とその基本的な性質

グラフやリンクに重みの付いたグラフの構造は，しばしば行列を用いて表現される．n 個のノード $\{0, 1, \cdots, n-1\}$ からなるグラフについて，グラフのリンク構造を表す $n \times n$ 正方行列である**隣接行列** $A = [A_{ij}]$ を以下のように定義する．

$$A_{ij} := \begin{cases} 1 & (\text{ノード } i\text{–}j \text{ 間にリンクがあるとき}) \\ 0 & (\text{ノード } i\text{–}j \text{ 間にリンクがないとき}) \end{cases}$$

ここでは無向グラフを考えているので $A_{ij} = A_{ji}$ であり，A は対称行列である．つぎに，ノード i の次数 d_i を対角成分に持つ**次数行列** $D = [D_{ij}]$ を以下のように定義する．

$$D_{ij} := \begin{cases} d_i & (i = j) \\ 0 & (i \neq j) \end{cases}$$

これらを用いて，**ラプラシアン行列**（または**グラフラプラシアン**）L を以下のように定義される．

$$L := D - A \tag{11.1}$$

これは，定義から明らかなように対称行列である．図 **11.6** は四つのノードからなるグラフに対して，次数行列 D, 隣接行列 A, ラプラシアン行列 L を例示したものである．

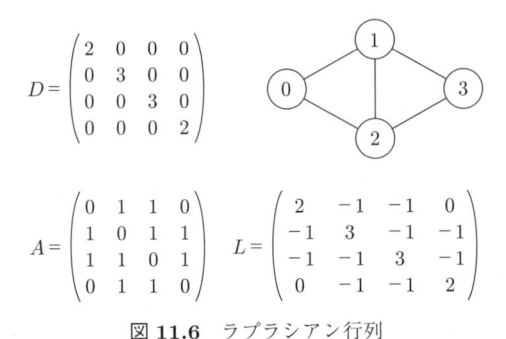

$$D = \begin{pmatrix} 2 & 0 & 0 & 0 \\ 0 & 3 & 0 & 0 \\ 0 & 0 & 3 & 0 \\ 0 & 0 & 0 & 2 \end{pmatrix}$$

$$A = \begin{pmatrix} 0 & 1 & 1 & 0 \\ 1 & 0 & 1 & 1 \\ 1 & 1 & 0 & 1 \\ 0 & 1 & 1 & 0 \end{pmatrix} \quad L = \begin{pmatrix} 2 & -1 & -1 & 0 \\ -1 & 3 & -1 & -1 \\ -1 & -1 & 3 & -1 \\ 0 & -1 & -1 & 2 \end{pmatrix}$$

図 **11.6** ラプラシアン行列

ラプラシアン行列 L はグラフの性質を調べるときに有用な行列であり，特にある n 次元の列ベクトル $\boldsymbol{x}$ に対して以下で表される**固有値問題**

$$L\boldsymbol{x} = \lambda\boldsymbol{x} \tag{11.2}$$

がグラフ構造を分析する上で極めて重要である．ここで式 (11.2) に現れる値 λ を**固有値**といい，そのときの $\boldsymbol{x}$ を固有値 λ に属する**固有ベクトル**という．

ラプラシアン行列に関する重要な性質をまとめておく[11]．

- 固有値は実数で，複数の固有値が同じ値を持つ（縮退する）場合も含めて n 個ある（対称行列の性質から）．
- 固有値は全て非負であり，最小固有値は 0 である．

- 固有値 0 の縮退数はグラフの連結成分の数を表す．つまり，グラフ全体が連結であれば固有値 0 は一つのみ，グラフ全体が二つに分かれていたら固有値 0 が二つ，という具合である．
- 異なる固有値に属する固有ベクトルは直交する（対称行列の性質から）．同じ固有値に属する固有ベクトルも適当な直交化法で直交させることができる．つまり，固有ベクトルから n 次元の正規直交基底が作れる．
- ノード i に重み x_i を与えたとき，隣接するノード間での重みの差の二乗和

$$F(\{x_i\}) := \sum_{(i,j)} (x_i - x_j)^2 \tag{11.3}$$

を考える．ここで和の範囲 (i,j) はグラフ内の全てのリンクについての和を表す．この関数の値がベクトル $\boldsymbol{x} = {}^t(x_0, \cdots, x_{n-1})$ の長さが $|\boldsymbol{x}| = 1$ の条件の下で停留値（最大，最小，鞍部など）となる条件を考えると，$\boldsymbol{x}$ は固有値問題 (11.2) の固有値ベクトルとなり，そのときの $F(\{x_i\})$ の値は固有値 λ である[12]．

- 従って，n 個の固有値を小さい順に $0 = \lambda_0 \leq \lambda_1 \leq \cdots \leq \lambda_{n-1}$ としたとき，$F(\{x_i\})$ の最小値は $\lambda_0 = 0$ で，最大値は λ_{n-1} である．

11.3.2 ラプラシアン行列によるグラフの分割

グラフの分割についてもラプラシアン行列が活用できる．連結したグラフを検討対象にすると固有値 0 は一つだけなので $\lambda_1 > 0$ となる．このような 0 でない最小固有値は，グラフの連結性の指標となり，**代数的連結度**と呼ばれる[13]．λ_1 が 0 に近いほどグラフが簡単に分割されそうな構造で，十分大きければ分割されにくくしっかり結びついていることを表す．また，この固有値に属する固有ベクトルを**フィードラーベクトル**という．フィードラーベクトルの有用性を，例を見ながら確認しよう．図 **11.7**(a) の構造を持つグラフに対して，図 (b) ではフィードラーベクトルの成分を各ノードに対応して並べたものである．大雑把に四つのグループに分かれており，これが図 (a) での四つの密連結なノー

11.3 ソーシャルネットワークの構造・分割・ノード間相互作用のモデル

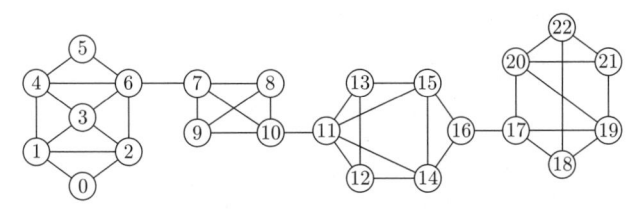

(a) 四つのクラスタからなるネットワークモデル

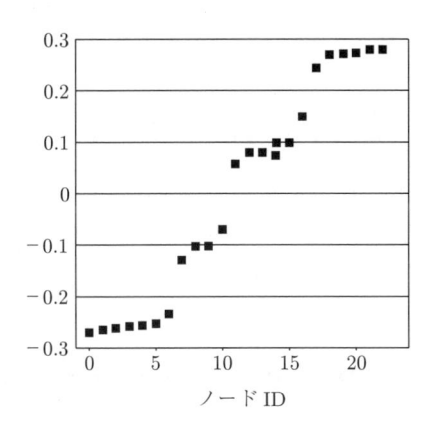

(b) フィードラーベクトルの成分

図 11.7 フィードラーベクトルと弱いリンク

ド群に対応する.つまり,フィードラーベクトルはグラフ構造から見て密連結なクラスタ構造を抽出したり,クラスタ間を結ぶ弱いリンクを見出す性質がある.共通の友人や共通の通信宛先の多寡で社会的距離を決めるようなソーシャルネットワークモデルでは,このようなクラスタ構造や弱いリンクの抽出,およびそれに基づく距離の定義,更にはネットワークのポリシーへの反映などが重要である.

より大きな固有値に属する固有ベクトルは,グラフ構造のより細かい構造を浮き彫りにする性質があり,適当な大きさの固有値に属する固有ベクトルを調べることで,特定の空間サイズにおけるグラフ構造の特徴を理解することができる[12]).

ここまで,ラプラシアン行列としてリンクの有無だけを表す隣接行列を用い

てきた．このような単純なモデルであっても，リンクの張り方の構造やリンクの粗密によって社会的距離が影響を受け，11.1.2 項で記述した多様な社会的距離を反映することができる．更に，リンクに重みが付いている場合もラプラシアン行列を用いて同様の議論が可能である．ここで，リンクの重みが大きいほどノード間の関係が強く（つまり社会的距離が短く），リンクの重みが 0 の場合はリンクが存在しないことを意味する．ノード間の固有の性質をリンクの重みとして持たせることで，社会的距離を反映したグラフ構造をより多様に表現することができる．

また，リンクの存在しないノードの組に対し，それらのノード間の社会的距離が短い（共通の友人が多い）などの理由に基づきリンクを新設するような動作を考えることもできる．これはノード間のリンクの重みを 0 から正の値に変化させることに対応し，11.1.2 項で記述した新しいリンクの確立に相当する．

11.3.3　ネットワーク上の拡散方程式とノード間の非対称相互作用

つぎに，ノードに与えた重みが時刻によって変化する現象を考えよう．時刻 t におけるノード i の重みを $x_i(t)$ とする．いま，ノード i とその隣接ノード j では，単位時間当りの移動量が重みの差の絶対値 $|x_i(t) - x_j(t)|$ に比例しながら，重みの大きなノードから小さなノードに重みの量自身が移動する現象を考えよう．隣接ノードの重みの差が激しいほど，それに比例して激しい移動が起こるモデルである．このような現象を拡散現象といい，この現象の時間発展（時間変化）を記述する方程式を拡散方程式という．移動量の比例係数を κ (>0) とすると，拡散方程式は，ラプラシアン行列を使って

$$\frac{d\boldsymbol{x}(t)}{dt} = -\kappa\, L\, \boldsymbol{x}(t) \tag{11.4}$$

と書くことができる[14])．ここで $\boldsymbol{x}(t) = {}^t(x_0(t), \cdots, x_{n-1}(t))$ である．

さて，拡散の効果によってノード i から隣接ノード j に向けて移動する単位時間当りの移動量（符号がマイナスなら逆方向）$\mathcal{J}^{[i \to j]}(t)$ は

$$\mathcal{J}^{[i \to j]}(t) = \kappa\, (x_i(t) - x_j(t)) \tag{11.5}$$

である.これは

$$\mathcal{J}^{[i \to j]}(t) = -\mathcal{J}^{[j \to i]}(t) \tag{11.6}$$

となっていて,ノード i から j に向けて移動する量は,ノード j が i から受け取る量に等しいことを示している.つまり,ノードの重みの変化は移動によって起きたと考えても問題ないということである.これは,リンクの重みがある場合も同様である.

つぎに,ラプラシアン行列から以下のように作られる**正規化ラプラシアン行列**[11)]

$$N := D^{-1/2} L D^{-1/2}$$

を考察してみよう. N の構造を分解して書けば

$$N = D^{-1/2}(D - A)D^{-1/2} = I - D^{-1/2} A D^{-1/2}$$

$$N_{ij} = \delta_{ij} - \frac{A_{ij}}{\sqrt{d_i d_j}}$$

である.ここで I は単位行列, δ_{ij} はクロネッカーのデルタである.

この量からラプラシアン行列の場合と同様に時間発展方程式を作り,ノード i から隣接ノード j への単位時間当りの移動量を形式的に書くと

$$\mathcal{J}^{[i \to j]}(t) = \kappa \left(\frac{x_i(t)}{d_i} - \frac{x_j(t)}{\sqrt{d_i d_j}} \right) \tag{11.7}$$

となる.これは式 (11.6) の対称性を満たさず,ノード i から j に向けて移動する量がノード j が i から受け取る量と釣り合わないことを意味する.つまりノードの重みの変化が移動によるものであるとはみなせないのである[12)].したがって,正規化ラプラシアン行列による変化は,少なくともベクトル $\boldsymbol{x}$ にとっては拡散現象ではない.このため,ノード i から j に向けて何かが移動したのではなく,ノード i の重み $x_i(t)$ が隣接ノード j の存在によって自主的に変化したと考える.同様に,隣接ノード j の重み $x_j(t)$ もノード i の存在によって自主的に変化すると考え,それらの量の釣り合いは要請しないことにする.

この非対称性を積極的に利用すると，ノード間相互作用が非対称性になる現象のモデル化が可能である[15]．元々，ノード間のリンクには方向性がないとして無向グラフでモデル化していたが，リンクに方向性を持たせるために有向グラフを考えると非対称行列を扱うことになり，固有値が実数である，固有ベクトルが直交するなどの，モデルの取扱いが容易となる多くの望ましい性質が失われてしまう．一般に，ソーシャルネットワークでのリンクの非対称性は，ノードの性質によるところが大きい．例えば，人気ブロガーとそのフォロワーの間の人間関係は，リンクは存在しても互いに与える影響の強さには大きな違いがあり，その違いは本人（ノード）の性質によるものである．

正規化ラプラシアン行列の定義はノード次数の情報を用いた次数行列 D での正規化であるが，原理的には次数以外のノード情報で置き換えることが可能で，どのようなノード情報を用いるかによってそれに応じた多様な特性をノードに持たせることができる[15]．適当なノード情報を選ぶことにより，非対称性なノード間相互作用を表現する多様なモデルを構成することができる．

普遍性と不変性

社会的距離のような一見あいまいとも思える概念を定量的にモデル化するには，どのような注意が必要であろうか．この問いに答えるために，科学分野で定量的な法則がどのように表現されてきたか見てみよう．ニュートンの運動方程式 $F = ma$ において，力 F と加速度 a がベクトルで質量 m はスカラーである．工学では単なる数字の組をベクトルと表現することもあるが，本来，ベクトルというのは向きと大きさを持つ量として定義される幾何学的な実体である．つまり，ベクトルとはどのような座標系を採ったかに依らない概念である，という意味である．ベクトルを数字の組で表すのは特定の座標系を決めたときの目盛りの値にすぎず，定量的な表現のための二次的なものである．その一方で，ベクトルを（目盛りの値として）定量化して扱うためには座標系を決めることが不可欠である（図）．

科学では，特定の座標系（特定の観測者）が見る量を扱いながら，誰が見ても納得する普遍的な法則を表現する方法が工夫されている．ベクトルの本来の定義は，座標変換したときに各成分がどのように変換するかを規定することで与えられる．もし目に見える現象が鏡花水月の幻ではなく，幾何学的実体として客観的に「在る」なら，座標変換に対して見え方（各成分の値）がどのように変化するかが自ずと決まってしまうのである．このような座標変換に対する変換性で定義される量は一般的にテンソルといい，ベクトルもスカラーもテンソルの仲間である．

物理法則の式は必ず両辺が座標変換に対して同じ変換をする量で作られている．上記の例では両辺がベクトルである．ベクトルの成分は観測者ごとに（座標系によって）異なり，違う値を見ているが，両辺が座標変換で同じ変換をするので，別の座標系でも等号が保たれ方程式の形は不変である．このように，変換に対して法則が不変になることが，誰もが認める普遍的な法則を表現する方法なのである．

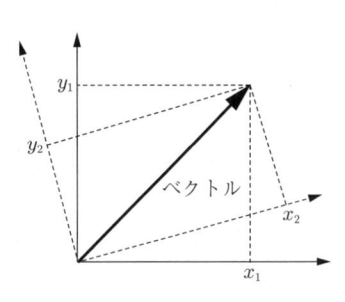

図　ベクトルを異なる座標系から見たときの成分の違い

ある種の不変性がモデルの構造を決めてしまう例として，インターネットのアクセスパターンのモデルがある[16]．アクセスパターンのある特徴を観測するとき，観測者の観測開始時刻に影響されないという不変性を要請することで，アクセスパターンのルールのあるべき姿を考察している．

例えばラプラシアン行列を使ったグラフの分析では，ノードにどのような順で番号をつけようとも固有値の値は変わらない．このように，変換に対する不変性を意識して性質を導くことが，未知の概念に関する普遍的性質を追求する上で重要な指針となるだろう．

第12章
社会的ネットワークと情報ネットワーク科学の創発

　人々のつながりである社会的ネットワークの分析と，情報通信技術を基盤とした「情報ネットワーク科学」は，関係の可視化と計量可能性を飛躍的に増大させることで，現代社会の多様な相互作用の様態についての本質的な理解を可能にしつつある．情報通信技術は，SNSのような人的コミュニケーションから，交通や商品物流などの移動，更には言語や商品購買の共起関係など，具体的事物の物的つながりから，社会的な関係のつながりまで，多様な事物の連結性を記述・操作し得る．コンピュータとコンピュータを連結させる通信ケーブルのようなつながり，すなわち結節点とそれらを取り結ぶ紐帯を我々が直接，確認できる物理的なネットワークと，社会的なネットワーク，すなわち人間の相互関係の決定的な違いは，不可視性である．

　その存在が物理的に捉え得るネットワークは自然科学の研究対象であり，直接，物理的に捉え得ない不可視な社会的ネットワークは社会科学ないし人文科学の研究対象となる．理工系，社会科学系，人文科学系，いずれの領域においても研究対象とするネットワークの抽出と計量は領域内の基礎的課題となるが，ネットワークの関係構造に対する分析技法は，領域超越的な研究対象である．情報ネットワーク科学とは，情報を切り口に領域横断的に社会現象や自然現象を理解しようとする近年の試みであり，過去半世紀にわたり社会的ネットワーク分析の研究成果やその方向性とも適合性があり，相互の発展可能性がある．

12.1　グラフ理論の応用・社会的ネットワーク分析・情報ネットワーク

　社会的ネットワーク分析とは，すなわち，何らかの社会的行為を行う複数の者と彼らを取り結ぶ関係を，点と線（関係に向きがない場合），あるいは点と矢

12.1 グラフ理論の応用・社会的ネットワーク分析・情報ネットワーク

印（関係に方向性がある場合）に抽象化して，そのありようについての分析を行うことである．点と線（ないし矢印）によるつながりの有無及び構造の数学的分析は，**グラフ理論**で行われてきたものであり，「ケーニヒスベルグの橋」の一筆書き問題で名高いレオンハルト・オイラー（1707～1783年）以来の長い伝統がある．社会的ネットワークの分析においては，グラフ理論研究において定義された概念や用語が多数，転用されている．グラフ理論の基礎概念である，最短パス，ループ，橋，孤立点などの概念は，社会的ネットワークの分析においても，情報ネットワークの研究においても極めて重要な概念であり，用語がそのまま用いられる．グラフ理論と，社会的ネットワークと情報ネットワークの分析に共通して用いられる概念や用語もある一方，分析レベルの抽象度と付随させる属性情報の量と質などに応じて，同一概念に全く異なる用語が用いられる場合もある．

先に例示した最短パス，橋，孤立点など，関係の有無，分布やその「形」すなわち，純粋に構造を表現する概念の多くは，いずれの分野においても共通的に用いられるのだが，関係を形成する点そのものと，線そのものについての用語は統一的ではなく，研究分野間においても，更には研究分野内でも多様性がある．点と線の有無とつながり方に加えて，点と線のそれぞれについて固有の性質や属性といった付加的な情報が加わるため，点と線はその付加的な性質を示す用語が用いられる．

社会的ネットワークの研究では，点は行為者，アクター，コンタクト，ノード，主体などの用語が，グラフ理論でいう「点」の属性を表現する語句として用いられる．線ないし弧については紐帯，つながり，あるいは友人関係，知人関係など多様な社会的な関係の性質を反映させた用語が用いられる．一方，情報ネットワークの研究においては，点はWebページ，単語，画像や地点などの，情報流における具体的な構成要素名がそのまま用いられることが多いが，関係そのものについては，紐帯ではなく，線，ライン，とりわけWebの分析においてはリンク，エッジといった用語が用いられる．情報ネットワーク科学がその対象としようとするネットワークは，必ずしも文字ないし数値情報の接続・移

動・交換に限定されたものではなく，交通などの物理的ネットワーク，また人間や組織の社会的な相互作用をも含むものであるがゆえに，点と線に該当するものを表現する用語も統一されてはいない．

グラフ理論の分野でさえ，日本語の訳語と表記の問題もあり，点（point）については頂点，点，結節点など，線（line）についても線と辺（ライン），エッジ（edge）と枝，関係に方向性がある矢印（arrow）については有向辺と弧（arc）などは同概念ながら，研究者により用いる用語が異なっているのが現状である．

なお，関係を描画した図にも統一的な呼称はなく，グラフはもちろんのこと，ネットワーク，ネットワーク図，ソーシャルグラフ，比較的小規模なものについてはソシオグラムなど，多様な用語が用いられている．

研究対象と分野による用語の多様性は否定されるべきではないが，最低でも個々の論文内における用語の定義については一貫性が必要だろう．だが，現状は，ネットワークに関する多くの研究分野においては概念や用語の不統一やゆれが多々認められ，それは学際的研究の場に少なからず混乱を生んでいる．これら用語の多様性とゆれは，あらゆるつながり，社会的であれ情報であれネットワークに関わる研究分野の現在の大きな一つの特徴なのである．

はじめに，この不統一やゆれは，離散数学のグラフ理論以外の分野で，ネットワークを分析する個々の研究は，グラフ理論で扱う「点」と「線」のみならず，点と線それぞれが持つ属性情報を付加し，考慮にいれた上で，「点と線とそのつながり」を分析することに起因することを確認しておきたい．以上をふまえ，まずは本章において用いる用語の定義と整理を行っておく．

社会的ネットワーク分析は，その抽象化の技法としてはグラフ理論の諸概念に大きく依拠しているが，線が社会的な相互作用を示し，点が社会的行為を行う主体を示す．グラフは純粋な数学的概念ではなく，社会的な行為者間の相互関係のモデルとなる．この社会的な相互作用を前提とするため，純粋なつながりの「形」や「有無」のみならず，いかなる社会的性質を備える行為者が，どのような性質を持つ紐帯によって，どのような形でつながっているのかという，グラフ理論では研究対象としない，「点と線が持つ社会的な性質」の情報を重視

12.1 グラフ理論の応用・社会的ネットワーク分析・情報ネットワーク

する．

また，社会的ネットワークの研究においては，ネットワークの構成要素は，意思決定能力や多様な社会的属性を備える「行為者」である．注意すべきは，行為者が一人の人間とは限らないことである．企業，小集団，国家など，社会的行為を行う存在であれば，点そのものは，複数の人間や組織であり得る．複数の人間や組織が，社会的行為者としての一体性を想定するためには，関係情報以外に，何らかの統一的な社会的行為の決定主体としての属性情報を保持していることが前提になる．特定の複数の行為者が相互に取り結ぶ社会的関係が，社会的ネットワークの分析対象である．社会的関係は対称性がある場合は有向グラフとして，対称性がない場合は無向グラフとして，関係に強弱がある場合は重み付けがされたグラフとしてモデル化されるが，こうしてモデル化された後は，社会的関係という性質を排除した，数学的な解析が計算上は可能になる．だが，グラフ構造から計量した構造特性が，本質的にいかなる「意味」を持つのか．詳しくは後述するが，ネットワーク構造に関わるグラフ理論的な指標や分布にかかる統計量の算出と，それらの数字が構成要素あるいはネットワーク全体にとって持つ意味を解釈することは根本的に質が異なり，後者には純粋な「形」についての理解のみならず，構成要素と関係そのものの質的な理解が必要なのである．

グラフ理論では，結節点あるいは頂点などと呼ばれる点は，社会的ネットワーク分析においては「行為者」を示す．同じく，線あるいは枝，矢印ないし弧とグラフ理論が呼ぶ関係は紐帯（tie）と呼ばれ，社会的関係を示す．本章では，社会的ネットワークの構成要素については行為者と紐帯，社会的相互作用を伴わない非人格的なネットワークについては点と線（ないし弧）という語句を用いることとする．また，情報ネットワーク研究の主要な分析対象である，Webページ，語句，図表などのつながりについてはリンクという語句を用いることとする．

ネットワークの分析は，ネットワークの全体像やその振舞いに関するマクロレベルの分析と，ネットワーク内の個々の構成要素が全体において占める位置

特性に関するミクロレベルの分析に分けられる．そのつながりの全体の構造を大域的に捉える．マクロレベルの分析とは，例えば，ネットワーク全体についての情報が必要な，次数分布や密度あるいはネットワークの直径などの算出である．一方，その構造内部において，個々の点あるいは局所的な点の集合が占める位置特性，例えば次数，クラスタリング係数，推移性などについて考察を行うのがミクロレベルの分析である．ネットワークのマクロな構造が個々の要素に及ぼす影響を分析する，マクロとミクロ双方のレベルの分析も行うことがある．構造的空隙や拘束度の算出がその例である．これらはネットワーク構造が行列の形式で記述されてしまえば，その対象の性質を問わず，計算は可能である．

なお，ネットワーク全体が生じせしめる**創発特性**についての考察は，そのネットワークの境界を定義した上で初めて可能になる．中心と周辺という概念は，典型的な創発特性の例だが，中心と周辺を定義するためにも，ネットワークの境界を定めることが不可欠である．物理的に構成されるネットワークはともあれ，社会的関係においては，特定のネットワークの内部者と外部者の区別が困難であり，内外の境界線があいまいな場合が多い．これは**境界問題**（boundary problem）といわれる．グループ，コミュニティ，社会といった人間集団の境界を確定するには，内外を分別する名義的な特性が必要になるが，知人関係，友人関係など，感情や認識を基盤とする関係については，実証的に境界問題を解くことは困難である．

更には，社会的関係はマクロとミクロの両レベルにおいて設計や制御が困難である上，社会的関係が総体として，具体的にはどのようにあるべきか，いかに設計されるべきか，また誰が設計すべきかといった議論は観念的にのみにしかされにくい．社会的関係は制御の対象になりにくいのである．これは物理や情報のネットワークと大きく異なる性質である．

それゆえに，社会的ネットワークの研究においては，分析者は恣意的に定めたネットワークの境界内で，ミクロには個々の行為者がいかなる社会的な関係に埋め込まれているのか，またマクロには行為者間のつながりの連鎖がどのよう

12.1 グラフ理論の応用・社会的ネットワーク分析・情報ネットワーク

な社会構造を形成しているのかを考慮する．つながりの量や分布に関わる記述的分析のみならず，個々の行為者が社会的ネットワークにおいて占める位置取りを構造的に捉えること，そのネットワークが個々の行為者にもたらす影響—拘束や優位性を検討することなどの分析を行う．ネットワークをグラフとして一度，モデル化することで，本質的には計量分析になじまないことを承知であえて，社会的関係の有無や形，影響力を計量的に分析するのである．

　だが，問題は，社会的関係は不可視であり，マクロレベルであれミクロレベルであれ，社会的関係の様態やその影響を「検証」することは極めて困難なことである．我々は日常生活において，友人関係，恋愛関係，支配と服従，競争関係などの社会的関係の存在を，自らと他者において，更には他者同士の間にも直感的に認識できることがあるが，その存在を科学的に証明するあるいは検証することは容易ではない．ましてや，目に見えない社会的関係が個々の行為者に及ぼす影響の証明や検証には，より大きな困難が伴う．この検証プロセスには，いわば，目に見えない関係の存在を定義し，その目に見えない存在が及ぼす効果を検証するという，主観性ひいては恣意性の介入が避けられないのである．

　一方，情報ネットワークの研究においては，ネットワークの構成要素となる点にあたるものは，「語」や「語群」，あるいは Web ページといった複数の文章の集合であり，線にあたるものは，それらの情報の共起関係，相互の引用・被引用関係とその連鎖などであり，情報ネットワークの構成要素は可視性を持つ点と線である．社会的ネットワークの研究に伴う主観性と恣意性はそこには存在しない．ブログや Twitter などを典型とするソーシャルメディア上の書き込みであれ，Web ページ上のハイパーリンクのつながりであれ，ディジタルな文字情報や数値の情報は物理的存在であり，科学的な計量と検討に耐え得る研究対象なのである．主観や感覚による存在やつながりの形の認識のぶれなどが生じ得ない，情報ネットワークの研究は，社会的ネットワークの研究とは本質的に，計量可能性と検証可能性の程度が全く異なるのである．

12.2 情報ネットワーク科学と社会的ネットワーク分析の相互の貢献

情報ネットワーク科学が社会的ネットワークの研究にもたらしつつある最大の貢献は，この社会的ネットワークの不可視性に対する主観の排除への支援である．また，社会的ネットワークが情報ネットワーク科学に対する貢献は，その分析対象の拡大と社会的解釈への支援である．

本質的にはビットの電子情報で構成される文字列である情報のネットワークを，社会的相互作用のネットワークとして捉えられるか否かは，科学的検証とは無関係な，情報ひいては社会的行為に関わる思想の問題であり，真偽を検証できることではない．いわゆるディジタル情報の通信や交換のネットワークを社会的行為の帰結として考えるプロセスは，情報の創造，発信そして受信という個人レベルのミクロな行為をまず社会的行為とみなすことから始まる．つまり，情報ネットワークを単なるディジタルなビット，バイトといった情報の産出とその流通として限定的にみなすのではなく，情報を受発信する者が，その情報について自分以外の他者すなわち受け手を想定していること，その自覚の上での主体的な行為と選択の産物として，生産され交換される情報のネットワークを捉える．単なる視座の問題である．

ただ，この視座に立つと，全世界でITと通信技術が日々膨大に生み出すビットとバイトの文字列情報とその流通の総体が，情報の創造と受発信を行う社会的行為者間の知的情報の移動と交換状態となる．この情報ネットワークは，行為者間の社会的関係の様態として，可視化，計量化するならば，分析可能なエンティティとして，国家はもとより全世界規模で人類のコミュニケーションの様態から，相互関係の状態までの理解と解釈へ発展させ得るのである．既存の学問領域，すなわち，グラフ理論でもなく，計算機科学でもなく，社会的ネットワーク分析でもなく，情報ネットワーク科学が，情報工学やグラフ理論の応

12.2 情報ネットワーク科学と社会的ネットワーク分析の相互の貢献

用研究としての位置付けを超えるためには，情報とネットワークに対する根本的な思想の変換，すなわち，実証的に扱いにくい社会的相互作用をも分析対象とする認識が必要なのである．

巨大な関係情報を計算機に蓄積，多次元の行列として記述し，描画技術を用いて巨大ネットワークを可視化や分析を行うのは，連結性を持つデータの計算機科学であり，アルゴリズム開発と実装，計算性能の速度と向上という意味からも極めて重要な分野ではあるが，果たしてそれが「情報ネットワーク科学」という領域の本質的な学問的アイデンティティなのであろうか．筆者は情報ネットワーク科学が目指すべきアイデンティティは，そこにはないと考える．遺伝子情報の解析や，新薬開発プロセスにおける成分の共起関係など，いずれも膨大な関連情報を扱い得る対象ではあるが，生命科学や化学，薬学といった学問分野が，情報ネットワーク科学に包含されることはないだろう．

2015年の時点で，情報・通信技術を用いて，何らかのつながりの様態と特性を研究する学問分野に，多様な研究者がさまざまな異なる呼称を与えている．数学と統計物理学を主たる基盤とする分野では，ネットワークサイエンスあるいは，複雑ネットワーク研究という呼称が用いられることが多い．巨大なデータの解析の総称とはいえ，その多くがネットワーク構造を持つゆえにビッグデータ分析も情報技術を用いたネットワーク構造をも研究対象としており，情報ネットワーク科学との重複領域を扱う．WWW上に発生する関係構造の抽出と解析にも注力するWebマイニングとも，研究対象が重複する．現段階では，情報ネットワーク科学も，この流れの一つと位置付けるべきであろう．この「情報ネットワーク科学」なるものを学問的に確固たる一分野に成長させることに，社会的ネットワークの研究が貢献し得るとしたら，それは単なる物理層，データ層，ネットワーク層，といった物理的な関係だけではなく，大量に行き交うディジタル情報の通信流とその様態を記述し，更には，現実社会における人々の相互作用に対して人的，社会関係的に持つ含意と解釈を与えられるよう，実証的な技術や手続きを整えることだと考えられる．

以下では，社会的ネットワーク研究者の立場から，情報ネットワーク科学の

研究者及び彼らの知見との創発が何をもたらすかを考察していく．

まず，情報のつながりのみではなく，社会的ネットワークに注目する理由を述べておく．それは，社会的ネットワークには固有の特徴があり，情報・通信のディジタルネットワークを物理現象として，社会的解釈を含まず行う分析だけでは「見えない」性質を持つためである．また，情報ネットワーク科学が，ITを基盤とする通信技術によって生成・維持されるネットワークの物理的情報という「点」と「線」のディジタルな物理的な性質のみを重視し，研究対象としている限りは，既存の学問分野との棲み分けが困難であり，固有の研究領域あるいは固有な方法論を持つ学問としてのアイデンティティを確立する見込みが極めて乏しいからである．これは情報ネットワーク科学への批判ではなく，情報科学分野の研究者の目線でもなく，社会科学者という一歩ひいた客観的立場から見ても，情報ネットワーク科学は，既存の学問分野や類似領域との差別化が難しい現状にあると考えられるからだ．だが，この困難さはあるものの，固有の領土を確定し得ていないがゆえの可能性を持つからこそ，情報ネットワーク科学への認識をより柔軟なものとし，次節に述べるような固有の特徴を持つ社会的ネットワークをも研究対象に取り入れること，かつ社会的ネットワーク研究の理論と知見を生かすことによって，両者の創発が期待されるのではないかと提案しているのである．

12.3　社会的ネットワークに固有な特徴

社会的ネットワークは基本的に，不可視な存在である．この不可視なネットワークを研究するためには，まずは社会的ネットワークを計量して，可視化する必要がある．この計量と可視化による，**主観の削減**には情報ネットワーク科学は大きく貢献し得る．

社会的関係の基礎である人間関係を考えてみよう．人間関係は，制度的規定が可能でありその関係の存在や性質を実証的に検討できるものと，感情や認知に依存するがゆえに，その存在を実証しにくいものの二種類に分かれる．前者

は，生物学的に規定される親子関係，法的に決定される婚姻関係や養子関係などの血縁関係，地理的に規定される隣人関係，上司と部下あるいは師弟関係など組織的に規定される地位的上下関係などは，制度的に規定され，他者からもほぼ客観的に確認できる関係である．行為者を特定しやすく，その紐帯についての実証的研究が行いやすいため，科学的な検証に耐え得る．これらの制度的に規定される社会的関係のつながりが作りあげる社会ネットワークは，当事者以外の第三者からも比較的，容易に特定し得る存在である．これらの制度的に構築される社会的ネットワークについては，ノードすなわち結節点と，紐帯すなわち関係の性質の客観的な定義を行いやすいため，計量と可視化，ひいてはその構造分析や特徴抽出も比較的，容易である．

一方，このような制度的な基盤によらず，客観的な定義を行いにくいのが，感情を典型とする心理的・感覚的要因が規定する関係が構築する，後者の社会的ネットワークである．心理的な要因が規定する関係のありようの計量，更には，その実証的な分析には主観性が排除できない．また，主観や認識を前提としても，感情や心理状態に規定されるこの類の関係は，時系列的な頑健さを持たない．現実社会において人々は，日々，他者と関わりながら，友情，恋愛，対立，支配，信頼といった多様な感情を他者に抱き，他者に対する感情が一定の時間的を経ても変化しにくい頑健性を備えたときに，そこに人々は，友人関係，恋愛関係，競争関係，支配関係，信頼関係などの比較的，頑健な関係の存在を認識し得る．

このような主観と認識に規定される人間関係についても，1930年代の古典的な人間関係学派による行動観察実験，標本抽出に基づくサンプリングに基づく米国のGSS (General Social Survey) 調査をはじめとする質問紙調査とその継続的な洗練によりデータが収集され，計量分析が試みられてきたのであるが，これらの古典的な手法への依存度は，急激に下がりつつある．

社会を構成する人々の，日常の社会的相互作用が，情報通信技術により受発信者の関係として，記録・蓄積・分析可能になっている現在，古典的な行動観察や質問紙調査による社会的関係についてのデータの取得のみに依存する必要

はない．いわゆるビッグデータとその解析技術であるデータサイエンスは，膨大な量のデータ情報の収集と解析，更には全数調査（悉皆調査）による人間行動や意識の理解可能性を示唆することで，標本抽出と質問紙調査への研究の偏りと依存度を下げつつある．

従来，質問紙調査においては，社会的行動をその根拠とする関係データの抽出がなされてきた．質問紙調査では，特定の相手との，例えば「相談をしたか」，「支援を受けたか」，「情報交換をしたか」といった具体的な相互行為の有無を確認し，そこから，相談関係，支援関係，情報交換関係といった紐帯の存在を定義し，その関係の有無と強さを計量することで，関係情報に値を与え，その値に基づき，関係を描画し，ネットワークを可視化したわけである．質問紙調査に対する回答から行動データをとり，それを更に関係データとして定義して扱うといった従来のプロセスを経ることなく，社会的関係データを直接的にセンシング技術を用いて，組織内の人々の行動記録から取得しようという試みは既に，日立製作所，富士ゼロックスなどの企業において実用化されている．行動記録から接触データや関係データは収集できるが，これらのデータにおいても，数値の羅列をいかに解釈し，人々の適応や規範といった組織の最適化に向けて有用に用いるかについては決定的な手法が開発されているとはいえない．

制度的に規定し得る社会的関係も，主観により規定されるあいまいさを伴う社会的関係もが，社会的ネットワークの分析においては，数値としてデータにおきかえられ，小規模なものは描画され，その構造的な特徴が計量的に分析され，心理・感情的更には社会関係的な解釈が与えられてきたのであるが，そこに分析的に，最適や，改善や，規範を持ち込み，管理や制御へ向かわせることは極めて難しいのである．

だが，社会的ネットワーク分析は，行列で表現された関係データから社会的性質を読み解く研究は行っている．例えば，**結合**は次数に，**人気**は入次数に，**発言力**は出次数に，**競争**は構造同値に，**優位性**は構造的空隙に，**権力**は中心性として固有ベクトルに，局所的な**結束度**はクラスタ係数といったように，社会的行為を行う人々の集団が備える社会的・心理的な特性を，数理的に導出しよう

12.3 社会的ネットワークに固有な特徴

とする試みがなされてきたのである．

　これらの関係及びその性質は，当然ながら当事者同士はもとより，他者からも決して見えることはないのだが，当事者らもまた，少なからぬ場合，第三者である周囲の人々にも，その関係の存在が推察され，時間の経過を経るとともにその関係が固定化したものとして，人々の相互行為の前提となる．

　三者以上の社会的関係においては，個々の**二者関係**すなわち**ダイアド**にいかなる性質があるのかを，第三者は自覚的にも無自覚的にも，状況に応じて判断し，その想定のもとに自らの行為を選択する．

　更に，社会的関係の形成に関与する人数の増加は指数関数的に，その状況における関係数を増加させる．したがって一個人が集団において，判断，想定し得る，他者の相互関係の性質は，極めて限られてしまう．多くの社会的関係は認識しないまま，人々は日常行為を行っているのである．小集団を超えた規模の人々の「集合」が持つ一つの特徴は，社会的関係を互いに想定できないという性質である．

　不可視なものを可視化する．そのためには結節点である人間と，結節点を取り結ぶ紐帯の定義が必要だが，まず，社会的ネットワークにおいてはこの紐帯そのものを物理的に扱えないがゆえに，定義の付与には多大な困難が伴うのである．この不可視性を前提に，その関係に作業定義を与え，質的・計量的双方の研究の対象とし得る代替が必要なのである．

　更に，社会的紐帯は，非対称性を持ち得る．同じ二者間の関係に与える意味と解釈は，当事者同士で正反対のことさえある．感情とは（自身）エゴが他者（アルター）に対して抱くものであり，二者間の関係が対称性を持つわけではない．制度的に決定される関係にも，非対称性は当然存在するが，これは関係を形成する二者の認知には，齟齬はまずない．上司と部下の関係や，師弟関係の定義が逆転することはない．一方，心理的・感覚的に規定される関係は，関係を形成する双方が，必ずしも同質の関係を想定しているとは限らない．恋愛や友情，好悪といった関係は必ずしも，当事者双方の間で矛盾なく，合意できる性質で存在しているわけではない．

多様な社会的関係の部分ひいては全体像を捉えるためには，前述したように，社会的ネットワーク分析においては，人々の社会的行為を調査することで，人々の間の行動から紐帯を仮定し，それを社会的関係として定義してきた．しかし，この過程には，まず行動から二者間の紐帯を定義し，更にその多くの「二者間関係を足し合わせた総体」として全体の社会関係の構造を把握できるという前提がおかれている．

留意すべきは，この前提が社会的であるか否かにかかわらず，ネットワーク全ての分析について妥当とは限らないことである．コンポーネント（連結成分）であるか否か，と一つの連結成分でありながらもその性質に一体性があるか否かは，独立の問題である．

一定の定義に基づいた紐帯で結ばれている二者関係（ダイアド）から始めて，紐帯で結ばれている限り，行為者同士を全てつなぎ合わせていくことで全体のネットワークが構築でき，俯瞰し得るという考え方である．これも，Webページのリンク構造であれば，全体像の俯瞰と解釈にはさして整合性にも問題はないが，社会的行為者の関係においては，ダイアドからの全体構造の積み上げにより構築されたネットワークと現実の整合性が乖離し得る．例えば，ミクロな競合関係や競争関係を紐帯とするダイアドを積み上げた総体としてのネットワークが，競合や競争以外の性質を備えてしまうこと，一部の紐帯の出現が，ほかの紐帯の性質を変質させたり，消滅させたりすることなどである．連結成分において紐帯が背反する性質を持ち得るについては，情報ネットワークにおいても留意が必要なのである．

情報ネットワークのみを対象とした研究では見えにくいが，紐帯と行為者の社会的特性を考慮する場合に特徴的に生じるのが，つながりの有無のみならず，その統一性や全体性を仮定し得るかという問題である．図 **12.1** にその例をあげよう．

行為者 A が，行為者 B と行為者 C と紐帯を持ち，行為者 B と行為者 C が紐帯を持っていたとしても，果たして行為者 A と B と C 全体として三者で関係を持っているとは限らない．図 12.1 では二種類の**トライアド**（三者関係）を示

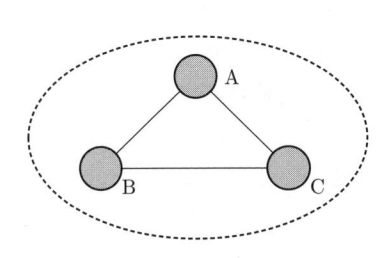

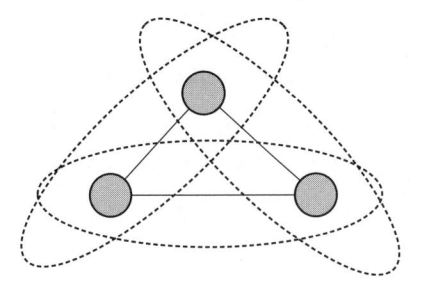

12.3 社会的ネットワークに固有な特徴

(a) 全体で一つのトライアド
　　（三者関係）

(b) 全体で三つのダイアド
　　（二者関係）

図 **12.1**　全体に一体性を持つトライアドと
一体性がないトライアドの事例

しているが，点線で示したように，三者が一体となってトライアドを形成している状況（図 (a)）と，その場には三つのダイアドがあるにすぎず三者の一体性を無条件で仮定してはならない（図 (b)）は，全く異なる性質を持つ．

なお，描画上は，単純グラフではこの識別はできず，この識別には**二部グラフ**を用いる必要がある．図示すると極めて単純なことだが，じつは多くのネットワークの分析においては，ダイアドを連結させて構築した連鎖の構造がある限り，それは全体として一体性を仮定し得る存在であることが前提とされがちである．とりわけ共起関係を扱った分析においては，例えば A と B の共起頻度が高く，B と C の共起頻度が高いことにより，A，B，C が描画上では強いつながりを持つことが想定されがちだが，必ずしもこの三者の共起が，トライアドとしての**三者の一体性**を保障するものではなく，共起関係による連鎖の全体構造が，全ての場合において保障されるものではないことに注意を喚起しておきたい．

ダイアド関係の総体を記述したところで，その総体の一体性は保障できない．この，共起関係が推移的に連なり一体を形成する前提は，現在，なお，情報ネットワークやビッグデータの研究においても，強い仮定として働いていることが多い．社会的行為者とその関係の例では比較的自明であるが，商品の共通購買関係などでは見えにくいつながりの質的特性である．

そもそも社会的ネットワークとは，ミクロな人間関係の抽出と分析から始まったとはいえ，研究の成立直後から，マクロな社会構造の抽出をも目的としてなされてきたのである．それがゆえに，特定の行為者が持つ特定の紐帯を定義し，彼ないし彼女を取り巻くネットワークを抽出し，そのミクロなネットワークをつないでいくことで組織や社会の全体構造を理解するという考え方もある．だが，この仮定が強すぎるあまり，一方で，先の三者の識別問題が象徴する，全体性と個別関係の総和の乖離という状況を看過してしまう過ちを犯し得る点に留意してほしい．

12.4　情報ネットワーク科学との創発へ

物理的な存在ではない社会的関係は，不可視性に起因する実証性の困難さを持つ．この社会的関係に対する人間の認知の限界を前提とした上で，あえて電子情報というデータに特化し，社会的相互作用やコミュニケーションの様態を探り，可視化し計量し分析する試みには，大きな可能性と意義があろう．単に電子情報の蓄積，移動やその分布についての物理的な記述にとどまらず，あえて，「情報」から社会的関係を抽出し，行為の代替変数として用い，情報的な関係を現実の社会的関係とインタラクティブに捉え，定義を与え，実証研究に足る説得的な概念にするには，いまなお，理論的・技術的な課題が多々残されている．不可視な社会的ネットワークを，描画し，あたかも見えるものであるかのように扱う．そのための紐帯に根拠となる定義を与える，現在行われているのは，その一つの手段として，情報通信技術によって行為者間の情報交換や，物材の移動データなどの収集と分析なのである．

情報ネットワーク科学は，情報を主概念として，通信・物流の領域におけるつながりの構造について研究する情報科学の応用研究分野の一つになるだろう．現在の情報通信技術の持つ優位性として，研究対象規模の飛躍的拡大，そして網羅性，検証性，再現可能性をあげられるが，これらの利点は，従来の社会的ネットワークの研究では備えられなかった強みである．

12.4 情報ネットワーク科学との創発へ

　情報ネットワーク科学の研究分野を情報，通信，工学に限定せず，実証性とその解釈ともに困難が伴う社会的関係をも対象にすることで，情報ネットワーク科学はよりいっそう豊かな地盤を持つことになり，関連する諸領域との差別化がより鮮明になるかもしれない．新しい研究分野は既存の研究領域との切磋琢磨，差別化，領土の侵略や割譲などを経て，築き上げられるものである．もちろん，分野横断的な新学問領域を構想していく過程では，関連領域における先行研究への敬意，すなわち丁寧なレビューや参照などが不可欠である．数学，理学，通信・情報分野を基盤とする「情報ネットワーク科学」が，社会科学や人文科学分野における「関係」のつながりへの研究の歴史的経緯[2]を理解した上でその研究を進めていくならば，そこに新たなる創発と一学問分野として成立の可能性が認められるであろう．

引用・参考文献

第 0 部
1) T. Anderson, L. Peterson, S. Shenker and J. Turner (Eds)：Report of NSF Workshop on Overcoming Barriers to Disruptive Innovation in Networking, GENI Design Document (Jan. 2005)
2) D. Evans：The Internet of Things ―How the Next Evolution of the Internet Is Changing Everything―, CISCO, Cisco Internet Business Solutions Group White Paper (Apr. 2011)

第 1 部
★ 1 章
1) 滝根哲哉，伊藤大雄，西尾章治郎：ネットワーク設計理論，岩波書店 (2001)
2) 茨木俊秀：情報学のための離散数学，昭晃堂 (2004)
3) 茨木俊秀，永持　仁，石井利昌：グラフ理論―連結構造とその応用―，朝倉書店 (2010)
4) 増田直紀，今野紀雄：複雑ネットワークの科学，産業図書 (2005)
5) 巳波弘佳，井上　武：情報ネットワークの数理と最適化―性能や信頼性を高めるためのデータ構造とアルゴリズム―(情報ネットワーク科学シリーズ第 2 巻)，コロナ社 (2015)

★ 2 章
1) K. Aihara and R. Katayama：Chaos Engineering in Japan, Commun. ACM, **38**[†], 11, pp.103–107 (1995)
2) K. Aihara：Chaos Engineering and its Application to Parallel Distributed Processing with Chaotic Neural Networks, Proc. IEEE, **90**, 5, pp.919–930 (2002)
3) G. Mazzini, G. Setti and R. Rovatti：Chaotic Complex Spreading Sequences for Asynchronous DS-CDMA-Part I: System Modeling and Results, Circuits

---

[†] 論文誌の巻番号は太字，号番号は細字で表す．

and Systems I: Fundamental Theory and Applications, IEEE Trans., **44**, 10, pp.937–947 (1997)

4) R. Rovatti and G. Mazzini：Interference in DS-CDMA systems with exponentially vanishing autocorrelations：chaos-based spreading is optimal, Electron. Lett., **34**, 20, pp.1911–1913 (1998)

5) K. Umeno and K. Kitayama：Spreading Sequences using Periodic Orbits of Chaos for CDMA, Electron. Lett., **35**, 7, pp.545–546 (1999)

6) T. Kohda and H. Fujisaki：Variances of multiple access interference code average against data average, Electron. Lett., **36**, 20, pp.1717–1719 (2000)

7) 増田直紀，合原一幸：有限状態パイコネ変換を用いたカオス暗号，信学論（A），**J82-A**, 7, pp.1038–1046 (1999)

8) K. Aihara, T. Takabe and M. Toyoda：Chaotic Neural Networks, Phys. Lett. A, **144**, 6-7, pp.333–340 (1990)

9) H. Nozawa：A neural network model as a globally coupled map and applications based on chaos, Chaos, **2**, 3, pp.377–386 (1992)

10) M. Hasegawa, T. Ikeguchi, T. Matozaki and K. Aihara：An Analysis on Additive Effects of Nonlinear Dynamics for Combinatorial Optimization, IEICE Trans., **E80-A**, 1, pp.206–213 (1997)

11) M. Hasegawa, T. Ikeguchi and K. Aihara：Combination of Chaotic Neurodynamics with the 2-opt Algorithm to Solve Traveling Salesman Problems, Phys. Rev. Lett., **79**, 12, pp.2344–2347 (1997)

12) M. Hasegawa, T. Ikeguchi, K. Aihara and K. Itoh：A novel chaotic search for quadratic assignment problems, European J. Operational Res., **139**, 3, pp.543–556 (2002)

13) J. J. Hopfield and D. H. Tank：Neural Computation of Decisions in Optimization Problems, Biological Cybernetics, **52**, 3, pp.141–152 (1985)

14) M. Hasegawa：Realizing Ideal Spatiotemporal Chaotic Searching Dynamics for Optimization Algorithms Using Neural Networks, Lecture Notes in Computer Science, **6443** (Neural Information Processing. Theory and Algorithms), pp.66–73 (2010)

15) 長谷川幹雄，中尾裕也，合原一幸：ネットワーク・カオス ―非線形ダイナミクス・複雑系と情報ネットワーク― （情報ネットワーク科学シリーズ第4巻），コロナ社（2016年発行予定）

16) 木本圭子氏のページ
http://www.kimoto-k.com/works.html （2015年5月現在）

★3章

1) IEEE Computer Society LAN MAN Standards Committee, Part 11: Wireless LAN medium access control (MAC) and physical layer (PHY) specifications, IEEE Std. 802.11-1999 (Aug. 1999)
2) 守倉正博, 久保田周治：802.11 高速無線 LAN 教科書, インプレス (2005)
3) B. Bellalta, E. Belyaev, M. Jonsson and A. Vinel：Performance evaluation of IEEE 802.11p-enabled vehicular video surveillance system, IEEE Commun. Lett., **18**, 4, pp.708–711 (Apr. 2014)
4) P. C. Ng and S. C. Liew：Throughput analysis of IEEE 802.11 multi-hop ad hoc networks, IEEE/ACM Trans. Networking, **15**, 2, pp.309–322 (Apr. 2007)
5) Y. Gao, D. Chui and J. C. S. Lui：Determining the end-to-end throughput capacity in multi-hop networks: methodology applications, Proc. ACM SIGMETRICS 2006, pp.39–50 (Jun. 2006)
6) H. Sekiya, Y. Tsuchiya, N. Komuro and S. Sakata：Maximum throughput for long-frame communication in one-way string wireless multi-hop networks, Wireless Personal Communications, **60**, 1, pp.29–41 (Mar. 2011)
7) K. Xu, M. Gerla and S. Bae：How effective is the IEEE 802.11 RTS-CTS handshake in ad hoc networks, in Proc. IEEE GLOBECOM 2002, **1**, pp.72–76 (Nov. 2002)
8) A. Kumar, E. Altman, D. Miorandi and M. Goyal：New insights from a fixed point analysis of single cell IEEE 802.11 WLANs, in Proc. IEEE INFOCOM 2005, pp.1550–1561 (Mar. 2005)
9) 塩田茂雄, 河西憲一, 豊泉　洋, 会田雅樹（著）, 川島幸之助（監修）：待ち行列理論の基礎と応用, 共立出版 (2014)

第 2 部
★4章

1) 若宮直紀, 荒川伸一：生命のしくみに学ぶ情報ネットワーク設計・制御（情報ネットワーク科学シリーズ第 5 巻）, コロナ社 (2015)
2) E. Bonabeau, M. Dorigo and G. Theraulaz：Swarm Intelligence, Oxford University Press (1999)
3) M. Dorigo and T. Stutzle：Ant Colony Optimization, Bradford Books (Jun. 2004)

4) R. Schoonderwoerd, O. Holland, J. Bruten and L. Rothkrantz : Ant-based load balancing in telecommunications networks, J. Adapt. Behav., **5**, 2 (Fall 1996)
5) G. Di Caro : Ant colony optimization and its application to adaptive routing in telecommunication networks, Ph. D. thesis in Applied Sciences, Polytechnic School, Université Libre de Bruxelles (2004)
6) A. M. Turing : The Chemical Basis of Morphogenesis, Royal Society of London Philosophical Transactions Series B, **237**, pp.37-72 (1952)
7) S. Kondo and R. Asai : A Reaction-Diffusion Wave on the Kin of the Marine Angelfish Pomacanthus, Nature, **376**, pp.765-768 (1995)
8) M. Durvy and P. Thiran : Reaction-Diffusion Based Transmission Patterns for Ad Hoc Networks, Proc. IEEE INFOCOM 2005, pp.13-17 (Mar. 2005)
9) N. Wakamiya, K. Hyodo and M. Murata : Reaction-Diffusion based Topology Self-Organization for Periodic Data Gathering in Wireless Sensor Networks, Proc. IEEE SASO 2008, pp.351-360 (Oct. 2008)
10) R. E. Mirollo and S. H. Strogatz : Synchronization of pulse-coupled biological oscillators, SIAM J. Appl. Math. **50**, pp.1645-1662 (1990)
11) M. B. H. Rhouma and H. Frigui : Self-organization of pulse-coupled oscillators with application to clustering, IEEE Trans. Pattern Anal. Mach. Intell., **23**, 2, pp.180-195 (Feb. 2001)
12) P. Goel and B. Ermentrout : Synchrony, stability, and firing patterns in pulse-coupled oscillators, Physica **D 163**, pp.191-216 (2002)
13) Y. Taniguchi : Self-adaptive communication mechanisms for cooperative information networks, Ph. D. thesis, Osaka University (2008)
14) E. Bonabeau, A. Sobkowski, G. Theraulaz and J.-L. Deneubourg : Adaptive task allocation inspired by a model of division of labor in social insects, Santa Fe Institute Working Papers, no.98-01-004 (1998)
15) G. Theraulaz, E. Bonabeau and J.-L. Deneibourg : Response threshold reinforcement and division of labour in insect societies, Proc. R. Soc. B, **265**, pp.327-332 (1998)
16) M. Sasabe, N. Wakamiya, M. Murata and H. Miyahara : Effective methods for scalable and continuous media streaming on peer-to-peer networks, European Trans. on Telecom., **15**, pp.549-558 (Nov. 2004)
17) T. Iwai, N. Wakamiya and M. Murata : Response threshold model-based

device assignment for cooperative resource sharing in a WSAN, International Journal of Swarm Intelligence and Evolutionary Computation, **1** (2012)
18) C. Doerr, D. C. Sicker and D. Grunwald：What a cognitive radio network could learn from a school of fish, Proc. WICON '07 (2007)
19) M. Prokopenko：Guided Self-Organization: Inception, Springer book (2014)
20) N. Bhardwaj, K.-K. Yan and M. B. Gerstein：Analysis of diverse regulatory networks in a hierarchical context shows consistent tendencies for collaboration in the middle levels, PNAS, **107**, pp.6841–6846 (Mar. 2010)

★5章

1）高野知佐，会田雅樹：物理の近接作用に学ぶ：拡散現象を指導原理とした自律分散型フロー制御技術，信学誌，小特集 情報通信ネットワークの設計・制御理論の新潮流：異分野からのアプローチ，**91**, 10, pp.875–880 (2008)
2）高野知佐：拡散現象を指導原理とする自律分散フロー制御機構の研究，首都大学東京 大学院システムデザイン研究科 博士学位論文, p.126 (2008)
3）M. Aida and C. Takano：Principle of autonomous decentralized flow control and layered structure of network control with respect to time scales, Supplement of the ISADS 2003 Conference Fast Abstracts, pp.3–4 (2003)
4）会田雅樹：情報ネットワークの分散制御と階層構造 (情報ネットワーク科学シリーズ第3巻)，コロナ社 (2015)
5）M. Aida：Using a renormalization group to create ideal hierarchical network architecture with time scale dependency, IEICE Trans. Commun., **E95-B**, 5, pp.1488–1500 (2012)
6）C. Takano and M. Aida：Diffusion-type autonomous decentralized flow control for multiple flows, IEICE Trans. Commun., **E90-B**, 1, pp.21–30 (2007)

★6章

1）G. Rozenberg, T. Bäck and J. Kok (Eds.)：Handbook of Natural Computing; Springer-Verlag, New York (2012)
2）International Technology Roadmap for Semiconductors, Emerging Research Devices (2009)
3）M. Naruse, N. Tate, M. Aono and M. Ohtsu：Information physics fundamentals of nanophotonics, Rep. Prog. Phys. **76**, 5, 056401 (Apr. 2013)
4）M. Naruse, K. Leibnitz, F. Peper, N. Tate, W. Nomura, T. Kawazoe, M.

Murata and M. Ohtsu：Autonomy in excitation transfer via optical near-field interactions and its implications for information networking, Nano Commun. Networks **2**, 4, pp.189–195 (Dec. 2011)

5) Nano Communication Networks, Elsevier

6) T. Nakano, A. W. Eckford and T. Haraguchi：Molecular Communication, Cambridge University Press, Cambridge (2013)

7) M. Naruse, M. Aono, S.-J. Kim, T. Kawazoe, W. Nomura, H. Hori, M. Hara and M. Ohtsu：Spatiotemporal dynamics in optical energy transfer on the nanoscale and its application to constraint satisfaction problems, Phys. Rev. **B86**, 12, 125407 (Sep. 2012)

8) M. Aono, M. Naruse, S.-J. Kim, M. Wakabayashi, H. Hori, M. Ohtsu and M. Hara：Amoeba-inspired Nanoarchitectonic Computing: Solving Intractable Computational Problems using Nanoscale Photoexcitation Transfer Dynamics, Langmuir, **29**, 24, pp.7557–7564 (Apr. 2013)

9) SATLIB-Benchmark Problems http://www.cs.ubc.ca/~hoos/SATLIB/benchm.html（2015年5月現在）

10) K. Iwama and S. Tamaki：Improved upper bounds for 3-SAT, Proc. 15th Symposium on Discrete Algorithms, pp.328–329 (2004)

11) N. Daw, J. O'Doherty, P. Dayan, B. Seymour and R. Dolan：Cortical substrates for exploratory decisions in humans, Nature, **441**, pp.876–879 (Jun. 2006)

12) L. Lai, H. Gamal, H. Jiang and V. Poor：Cognitive Medium Access: Exploration, Exploitation, and Competition, IEEE Trans. Mob. Comput. **10**, 2, pp.239–253 (Feb. 2011)

13) S.-J. Kim and M. Aono：Amoeba-inspired algorithm for cognitive medium access, NOLTA, **5**, 2, pp.198–209 (Apr. 2014)

14) D. Agarwal, B.-C. Chen and P. Elango：Explore/exploit schemes for web content optimization, in Proceedings of IEEE International Conference on Data Mining, pp.1–10 (2009)

15) S.-J. Kim, M. Aono and M. Hara：Tug-of-war model for the two-bandit problem: Nonlocally-correlated parallel exploration via resource conservation, BioSystems, **101**, pp.29–36 (Jul. 2010)

16) S.-J. Kim, M. Naruse, M. Aono, M. Ohtsu and M. Hara：Decision Maker based on Nanoscale Photo-excitation Transfer, Sci. Rep. **3**, 2370 (Aug. 2013)

17) M. Naruse, W. Nomura, M. Aono, M. Ohtsu, Y. Sonnefraud, A. Drezet, S. Huant and S.-J. Kim : Decision making based on optical excitation transfer via near-field interactions between quantum dots, J. Appl. Phys. **116**, 15, 154303 (Oct. 2014)

第3部
★7章

1) SMART 2020 : Enabling the low carbon economy in the information age, A report by The Climate Group on behalf of the Global e-Sustainability Initiative (GeSI) (2008)
2) 総務省：地球温暖化問題への対応に向けた ICT 政策に関する研究会報告書（平成20年4月）
3) 経済産業省商務情報政策局：グリーン IT イニシアティブ資料（平成20年5月）
4) ISO 14000 environmental management standards (ISO 14041-14043)
5) S. Lambert et al.：ICT growth rates vs. electricity production: clash ?, ECOC 2012 Symposium: Energy Consumption of the Internet, Amsterdam (19 Sep., 2012)
6) C. Lange, D. Kosiankowski, R. Weidmann and A. Gladisch : Energy Consumption of Telecommunication Networks and Related Improvement Options, IEEE J. Sel. Top. Quantum Electron., **17**, 2, pp.285-295 (Mar./Apr. 2011)
7) Cisco Visual Networking Index: Forecast and Methodology (2013-2018)
8) A. Otaka : Power saving ad-hoc Report, IEEE 802.3 Interim Meeting Seoul, South Korea (15-18 Sep., 2008)
9) J. Baliga, K. Hinton and R. S. Tucker : Energy consumption of the Internet, COIN-AOTF 2007, WeA1-1, Melbourne, Australia (24-27 Jun., 2007)
10) 石井紀代，来見田淳也，佐藤健一，工藤知宏，並木 周：日本のデータ通信ネットワークにおける消費電力量の推移，電子情報通信学会総合大会，立命館大学（2015年3月10-13日）
11) L. Ceuppens : Planning for Energy Efficiency Networking in Numbers, OFC/OFOEC 2009, San Diego (22 Mar., 2009)
12) K. Sato and H. Hasegawa : Optical networking technologies that will create future bandwidth abundant networks, J. Opt. Commun. Net., Special Issue on Optical Networks for Future Internet, **1**, 2, pp.A81-A93 (Jul. 2009)

13) 佐藤健一：フォトニックネットワーク技術の展望, 信学論 (B), **J96-B**, 3, pp.220–232（2013 年 3 月）
14) Top 500 Supercomputer Sites
http://www.top500.org/（2015 年 5 月現在）
15) 佐藤健一：持続的発展可能な情報通信ネットワークと光ネットワーク技術の役割, 信学誌, グリーン ICT に向けた光ネットワーク技術小特集, **93**, 8, pp.654–658（2010 年 8 月）
16) 電子情報通信学会フォトニックネットワーク研究会（Japan Photonic Network Model）
http://www.ieice.org/~pn/jpn（2015 年 5 月現在）
17) R. S. Tucker：Green Optical Communications— Part I: Energy Limitations in Transport, IEEE J. Sel. Top. Quantum Electron., **17**, 2 (Mar./Apr. 2011)
18) R. S. Tucker：Optical Packet-Switched WDM Networks: a Cost and Energy Perspective, OMG1, OFC/NFOFC 2008 (Mar. 2008)
19) E. Bonetto, L. Chiaraviglio, D. Cuda, G. A. G. Castillo and F. Neri：Optical Technologies Can Improve the Energy Efficiency of Networks, ECOC2009 (Sep. 2009)
20) B. Puype, D. Colle, M. Pickavet and P. Demeester：Energy Efficient Multi-layer Traffic Engineering, ECOC 2009 (Sep. 2009)
21) ITU-T G.707：Network node interface for the synchronous digital hierarchy (SDH)
www.itu.int/rec/T-REC-G.707/en（2015 年 5 月現在）
22) ITU-T G.709：Interfaces for the optical transport network
www.itu.int/rec/T-REC-G.709/en（2015 年 5 月現在）

★ 8 章

1) D. Estrin, D. Culler, K. Pister and G. Sukhatme：Connecting the physical world with pervasive networks, IEEE Pervasive Comput., **1**, 1, pp.59–69 (2002)
2) I. F. Akyildiz, W. Su, Y. Sankarasubramaniam and E. Cayirci：A survey on sensor networks, IEEE Commun. Mag., **40**, 8, pp.102–114 (2002)
3) 石川正俊：センサフュージョンシステム —感覚情報の統合メカニズム—, 日本ロボット学会誌, **6**, 3, pp.251–255 (1988)
4) 石川正俊：センサフュージョンの課題, 日本ロボット学会誌, **8**, 6, pp.735–742

(1990)

5) 山崎弘郎, 石川正俊 (編)：センサフュージョン —実世界の能動的理解と知的再構成—, コロナ社 (1992)

6) 鏡 慎吾, 石川正俊：センサフュージョン —センサネットワークの情報処理構造—, 信学論 (A), **J88-A**, 12, pp.1404–1412 (2005)

7) M. Ishikawa：Is There Real Fusion between Sensing and Network Technology?—What are the Problems?, IEICE Trans. Communications, **93**, 11, pp.2855–2858 (2010)

8) M. A. Abidi and R. C. Gonzalez (eds.)：Data Fusion in Robotics and Machine Intelligence, Academic Press (1992)

9) 鈴木 誠：時刻同期, 電子情報通信学会「知識ベース」, 4群–5編–3章, 3-2-3, pp.8–10

10) T. He, C. Huang, B. M. Blum, J. A. Stankovic and T. Abdelzaher：Range-free localization schemes for large scale sensor networks, Proc. the 9th annual international conference on Mobile computing and networking, ACM, pp.81–95 (2003)

11) J. S. Albus：Brains, Behavior, and Robotics, McGraw-Hill (1981)

12) T. Henderson and E. Shilcrat：Logical sensor systems, J. Robotic Syst., **1**, 2, pp.169–193 (1984)

13) R. A. Brooks：A Robust Layered Control System for a Mobile Robot, IEEE J. Robotics and Automation, **RA-2**, 1, pp.14–23 (1986)

14) 鶴 正人, 内田真人, 滝根哲哉, 永田 晃, 松田崇弘, 巳波弘佳, 山村新也：DTN技術の現状と展望：Delay Tolerant Networking Technology — The Latest Trends and Prospects, IEICE Trans. Commun. Soc. Mag., **16**, pp.57–68 (2011)

15) A. Namiki, T. Komuro and M. Ishikawa：High speed sensory-motor fusion based on dynamics matching, Proc. IEEE, **90**, 7, pp.1178–1187 (2002)

16) F. Silva, J. Heidemann, R. Govindan and D. Estrin：Directed diffusion, USC/Information Sciences Institute, Tech. Rep. ISI-TR-2004-586 (2004)

第4部
★9章

1) 総務省統計局　地域メッシュ統計の特質・沿革
http://www.stat.go.jp/data/mesh/pdf/gaiyo1.pdf（2015年5月現在）

2) 東日本大震災　復興支援地図, 昭文社 (2011)

3) Y. Hayashi: Rethinking of Communication Requests, Routing, and Navigation Hierarchy on Complex Networks —for a Biologically Inspired Efficient Search on a Geographical Space—, Networks —Emerging Topics in Computer Science, Chapter 4, pp.67–88, Arshin Rezazadeh, Ladan Momeni and Igor Bilogrevic (Eds), iConcept Press (2012)
4) 石巻日日新聞社編：6枚の壁新聞　石巻日日新聞・東日本大震災後7日間の記録（角川SCC新書130）角川マガジンズ (2011)
5) （株）日本総合研究所：災害時，学校は「地域の情報拠点，エネルギー拠点」に進化せよ，JRIリポート，東日本大震災　日本の復興・再生に向けて（2011年8月2日）
http://www.jri.co.jp/MediaLibrary/file/pdf/company/release/2011/110802/jri_110802-02.pdf（2015年5月現在）
6) 中原一歩：奇跡の災害ボランティア「石巻モデル」（朝日新書322），朝日新聞出版 (2011)
7) 中原健一郎：復興支援ボランティア，もう終わりですか？　大震災の中で見た被災地の矛盾と再起，社会批評社 (2012)
8) 京大・NTTリジリエンス共同研究グループ：しなやかな社会への試練，日経BPコンサルティング (2012)
9) 林　幸雄：自己組織化する複雑ネットワーク—空間上の次世代ネットワークデザイン—，近代科学社 (2014)
10) 震災に対するドコモの取り組みとこれからの対策（2011年11月10日）
http://www.bousai.go.jp/kaigirep/kentokai/kinoukakuho/2/pdf/3.pdf（2015年5月現在）
11) 極限状態を支えた使命感　KDDIの震災直後 携帯インフラ復旧の現場から（中），日本経済新聞サイト（2011年4月14日）
http://www.nikkei.com/article/DGXNASFK1302R_T10C11A4000000/?df=2（2015年5月現在）
12) A. Zolli and A. M. Healy（著），須川綾子（訳）：レジリエンス　復活力—あらゆるシステムの破綻と回復を分けるものは何か—，ダイヤモンド社 (2013)
13) A.-L. Babarási and R. Albert: Emergence of scaling in random networks, Science 286, pp.509–512 (1999)
14) R. Albert and A.-L. Barabási: Error and attack tolerance of complex networks, Nature, **406**, pp.378–382 (2000)
15) C. M. Schneider, A. A. Moreira, J. S. Andrade, Jr., S. Havlin and H. J.

Herrmann：Mitigation of malicious attacks on networks, Proc. Nat. Acad. Sci., **810**, 19, pp.3838–3841 (2011)
16) H. J. Herrmann, C. M. Schneider, A. A. Moreira, J. S. Andrade, Jr. and S. Havlin：Onion-like network topology enhances robustness against malicious attacks, J. Stat. Mech., P01027 (2011)
17) T. Tanizawa, S. Havlin and H. E. Stanley：Robustness of onionlike correlated networks against targeted attacks, Phys. Rev., **E85**, 046109 (2012)
18) Z.-X. Wu and P. Holme：Onion structure and network robustness, Phys. Rev., **E84**, 026116 (2011)
19) Y. Hayashi：Growing Self-organized Design of Efficient and Robust Complex Networks, Proc. 2014 IEEE 8th Int. Conf. on SASO, pp.50–59, doi:10.1109/SASO2014.17 (2014)
http://ieeexplore.ieee.org/stamp/stamp.jsp?tp=&arnumber=7001000（2015年7月現在）
20) R. V. Sole, R. Pastor-Satorras, E. R. Smith and T. B. Kepler：A model of large-scale proteome evolution, Advances in Complex Systems, **5**, pp.43–54 (2002)
21) R. Pastor-Satorras, E. R. Smith and R. V. Sole：Evolving protein interaction networks through gene duplication, J. Theor. Biol., **222**, pp.199–210 (2003)
22) I. Ispolatov, P. L. Krapivsky and A. Yuryev：Duplication-divergence model of protein interaction network, Phys. Rev. Lett., **71**, 061911 (2005)
23) 武村政春：世界は複製でできている―共通性から生まれる多様性―，技術評論社 (2013)
24) 西口敏宏：遠距離交際と近所づきあい―成功する組織ネットワーク戦略―，NTT出版 (2007)
25) R. Xulvi-Brunet and I. M. Sokolov：Growing networks under geographical constraints, Phys. Rev., **E75**, 46117 (2007)
26) 今野紀雄：確率モデルって何だろう，ダイヤモンド社 (1995)

★10章

1) ITU-T Recommendation P.800, Methods for subjective determination of transmission quality (1996)
2) Recommendation ITU-R BT.500-11, Methodology for subjective assessment of the quality of television picture (2002)

3) ITU-T Recommendation BS.1116, Methods for the subjective assessment of small impairments in audio systems including multichannel sound systems (1997)
4) 林 孝典, 高橋 玲, 吉野秀明:マルチメディア通信サービスのQoE評価技術に関する動向と課題, 信学論 (A), **J91-A**, 6, pp.600–612 (2008)
5) ITU-T Appendix I to P.10/G.100, Definition of QoE (2007)
6) T. Okamoto and T. Hayashi: Analysis of service provider's profit by modeling customer's willingness to pay for IP QoS, Proc. IEEE Globecom'02, **2**, pp.1549–1553 (Nov. 2002)
7) P. Concejero, J. Patrocinio and D. Merino: Usability evaluation of mobile services, Proc. ICIN'08 (Oct. 2008)
8) S. Niida, S. Uemura and H. Nakamura: Mobile services —User tolerance for waiting time—, IEEE Vehicular Tech. Mag. **5**, 3, pp.61–67 (Sep. 2010)
9) A. Bouch, M. A. Sasse and H. DeMeer: Of packets and people: a user-centered approach to quality of service, IEEE Int. Workshop on Quality of Service, pp.189–197 (Jun. 2000)
10) S. Uemura, S. Niida and H. Nakamura: A Web script-based field evaluation method to assess subjective quality of mobile services, IEICE Trans. Commun., **E94-B**, 3. pp.639–648 (2011)
11) D. A. Norman: Cognitive Artifacts, In Designing interaction: Psychology at the human-computer interface, J. M. Carroll (ed.), pp.17–38, Cambridge University Press (1991)
12) 原田悦子:人の視点からみた人工物研究 (認知科学モノグラフ6), 共立出版 (1997)
13) 原田悦子:認知加齢研究はなぜ役に立つのか:認知工学研究と記憶研究の立場から, 心理学評論, no.52, pp.383–395 (2009)
14) 松田文子, 甲村和三, 山崎勝之, 調枝孝治, 神宮英夫, 平 伸二 (編):心理的時間—その広くて深いなぞ—, 北大路書房 (1996)
15) R. A. Block and D. Zakay: Models of psychological time revisited, in Time and Mind, H. Helfrich (ed.), pp.171–195, Kirkland (1996)
16) P. Fraisse: Perception and estimation of time, Annual Review of Psychology, no.35, pp.1–36 (1984)
17) 新井田統, 原田悦子, 上村郷志:通信状況の事前通知が待ち時間に対する満足度へ与える影響, 日本認知心理学会第10回大会発表資料集 (2012)
18) S. Nolan-Hoeksema, B. L. Frederickson, G. R. Loftus and W. A. Wagenaar:

Atkinson and Hilgard's Introduction to Psychology, CENGAGE Leraning EMEA (2009)

19) S. S. Krishnan and R. K. Sitaraman : Video stream quality impacts viewer behavior: inferring causality using quasi-experimental designs, IEEE/ACM Trans. Netw., **21**, 6, pp.2001–2014 (2013)

20) E. Ophir, C. Nass and A. D. Wagner, Cognitive control in media multitaskers, Proc. Natl. Acad. of Sci., **106**, 37, pp.15583–15587 (2009)

21) K. F. H. Lui and A. C.-N. Wong : Does media multitasking always hurt? A positive correlation between multitasking and multisensory integration, Psychonomic bulletin & review, **19**, 4, pp.647–653 (2012)

★ 11 章

1) S. Goyal : Connections: an introduction to the economics of networks, Princeton University Press (2012)

2) S. Wasserman : Social network analysis: Methods and applications, **8**. Cambridge university press (1994)

3) R. Yavatkar, D. Pendarakis and R. Guerin : A framework for policy-based admission control, Rfc 2753 (2000)

4) R. Shinkuma, Y. Sawada, Y. Omori, K. Yamaguchi, H. Kasai and T. Takahashi : Socialized system for enabling to extract potential 'values' from natural and social sensing data, Modelling and Processing for Next Generation Big Data Technologies and Applications, Springer series: Modeling and Optimization in Science & Technology Series (Nov. 2014)

5) B. Fortz and M. Thorup : Internet traffic engineering by optimizing OSPF weights, Proc. IEEE INFOCOM 2000, **2** (2000)

6) 藤井聡佳, 村瀬 勉, 小口正人, E. K. Lua : ソーシャルネットワークの接続関係でリンクを構成する Wi-Fi アドホックネットワークの提案と評価, 信学技報, IN2014-109, pp.65–70 (Jan. 2015)

7) N. M. Chowdhury and R. Boutaba : A survey of network virtualization, Comput. Netw., **54**, 5, pp.862–876 (2010)

8) 中原正隆, 新熊亮一, 笠井裕之, 山口和泰, 高橋達郎：関係性メトリックに基づいた仮想ネットワーク空間の実現可能性検討, 信学技報, IN2014-118, pp.119–124 (Jan. 2015)

9) D. L. - Nowell and J. Kleinberg : The link – prediction problem for social

networks, J. Am. Soc. Inf. Sci. Tech., **58**, 7, pp.1019–1031 (2007)
10) Y.-Y. Ahn, J. P. Bagrow and S. Lehmann：Link communities reveal multi-scale complexity in networks, Nature, **466**, 7307, pp.761–764 (2010)
11) D. Spielman：Spectral graph theory, Chapter 18 of Combinatorial Scientific Computing (Eds. U. Naumann & O. Schenk), pp.495–524, Chapman and Hall/CRC (2012)
12) 会田雅樹：情報ネットワークの分散制御と階層構造（情報ネットワーク科学シリーズ第3巻），コロナ社 (2015)
13) M. Fiedler：Algebraic connectivity of graphs, Czechoslovak Math. J., **23**, 98, pp.298–305 (1973)
14) M. E. J. Newman：The graph Laplacian, Section 6.13 of Networks: An Introduction, pp.152–157, Oxford University Press (2010)
15) 会田雅樹，高野知佐：ラプラシアン行列を用いたネットワークダイナミクスの分析とノード間の非対称相互作用モデル，信学技報，NS2015-8 (2015)
16) 川島幸之助（監修）：待ち行列理論の基礎と応用（13章インターネットのアクセス宛先発生パターン），共立出版 (2014)

★12章
1) G. Caldarelli, M. Catanzaro（著），高口太朗（訳），増田直紀（監訳）：ネットワーク科学—つながりが解き明かす世界のかたち—，丸善出版 (2014)
2) リントン・C・フリーマン（著），辻　竜平（訳）：社会ネットワーク分析の発展，NTT出版 (2007)
3) ウオウター・デノーイ，アンドレイ・ムルヴァル，ヴラディミール・バタゲーリ（著），安田　雪（監訳）：Pajekを活用した社会ネットワーク分析，東京電機大学出版局 (2009)
4) 安田　雪：パーソナルネットワーク—人のつながりがもたらすもの—，新曜社 (2011)

索　引

【あ】
アトラクタ　52, 83
アルゴリズム　17
暗　号　37

【い】
意思決定問題　105
石巻モデル　143
インターネット　1

【え】
エアタイム　62
衛星通信　144
エノン写像　35
遠隔作用　89

【お】
オピニオン評価　155

【か】
回線交換機　1
階層構造　84
階層的並列分散構造　135
解探索　105
カオス　31
カオス工学　31
カオスタブーサーチ　39
カオスニューラルネットワーク　39
カオスニューロン写像　37
カオス符号　41, 46
拡散型フロー制御　98
拡散方程式　93, 180
隠れ端末問題　58

【か】
カット　27
カットサイズ　27
カルマン写像　46
環境適応　81
頑健性　146, 153
完全グラフ　9
管理型自己組織化　81

【き】
木　9
機密性　168
境界条件　100
境界問題　188
競　争　194
協調原理　148
共通隣接ノード数　169
局所辺連結度　27
距　離　9
近接作用　89

【く】
空間稠密性　135
組合せ最適化　39, 46
組合せ爆発　105
クラスタ係数　12, 194
グラフ　7, 167
グラフ理論　185
グローバルミニマム　48
群知能　79

【け】
計算量　17
経　路　8
経路長　8
結　合　194

【け】
結束度　194
減　災　141
権　力　194

【こ】
構造的空隙　194
構造同値　194
国勢調査　139
固定電話網　1
固有値　177
固有値問題　177
固有ベクトル　177
コラボレーション構造　87
コンテンツ　168

【さ】
災害時　140, 141
最小ホップ数　167
最大フロー・最小カットの定理　27
最大フロー問題　22
最短路　9
最短路木　19
最短路問題　19
サービス率　70
三者の一体性　197
サンプリング定理　135

【し】
時間多重化　137
時刻同期　134
自己相似性　37, 38
自己組織化　79, 144, 146
自己平均　148
次　数　8, 194

索引　215

次数行列　176
次数相関　146
次数分布　10
悉皆調査　194
社会的オブジェクト　169
社会的距離　167
充足可能性問題　105
集中管理　91
集中制御　91
主観の削減　192
出次数　8, 194
巡回セールスマン問題　48
仕様記述　2
状態占有効果　106
情報拠点　142
情報ネットワーク科学　1
初期値鋭敏依存性　34
ショートカット　147
自律性　106
自律分散制御　91, 94
シングルモードファイバ　123

【す】

数理計画法　82
スケールフリー　11, 145
スモールワールド性　12

【せ】

正規化ラプラシアン行列　181
正規分布　93
成長　14
制約充足問題　107
全域木　10
全域部分グラフ　9
センサネットワーク　132
センサの知能化　137
センサフュージョン　132

【そ】

相互作用　159
相互接続性　1
創発　79
創発特性　188

ソーシャルネットワーク　167

【た】

ダイアド　195
体感品質　155
ダイクストラ法　20
代数的連結度　178
タスク分割　136
多本腕バンディット問題　111
玉葱状構造　146, 153

【ち】

地域メッシュデータ　140
遅延耐性ネットワーク　136
チップ非同期　41
中心性　194
治癒機能　152
頂点　7, 186
直径　9

【つ】

通信行動　154

【て】

データセンタ　116
デルタ関数　93
転写因子ネットワーク　84
テント写像　37

【と】

統合　133
同時送信　58
到着率　70
トライアド　196
トラヒック理論　1

【な】

内素　28
ナノコミュニケーション
　ネットワーク　106

【に】

二者関係　195

二部グラフ　197
入次数　8, 194
人気　194
認知的人工物　159
認知モデル　161

【ね】

ネットワーク仮想化技術　174
ネットワーク層　62
ネットワークダイナミクス
　　　　　　　　77, 137
ネットワーク遅延　73

【の】

ノードキャリブレーション　134
ノード配置　149

【は】

パケット通信　1
パーコレーション（浸透）
　解析　153
バタフライ効果　31
バックトラッカビリティ　138
バックプレッシャー制御　104
発言力　194
ハードリアルタイム　132
反応拡散モデル　80

【ひ】

避難所　140
紐帯　187

【ふ】

フィックの法則　92
フィードラーベクトル　178
複合　133
複雑系　31
複雑ネットワーク科学　145
物理層　55
物流拠点　140
部分グラフ　9
部分コピー操作　146
フレーム衝突　62

フレーム保持	62	マルチタスク化	159	【り】		
フロー値	23	【み】		リアプノフ指数	35	
プロトコル設計	1	路	8	リアルタイム性	134	
フロー保存制約	22	【む】		リアルタイムパラレルプロセッシング	135	
分岐構造	33	無向グラフ	8	利己原理	145	
分岐図	33, 34	【め】		量子ドット	105	
分岐図ドレス	52	メンガーの定理	28	リワイヤリング	146	
分権型組織	144	【ゆ】		隣接行列	176	
分散システム	144	優位性	194	倫理性	168	
【へ】		融合	133	【れ】		
平均頂点間距離	9	有向グラフ	8	レジリエンス	145	
閉路	8	有向辺	8, 186	レスラーシステム	52	
ヘヴィサイド関数	47	有向路	8	連結	9	
べき乗則	10, 86	優先的選択	14	連結グラフ	9	
辺	7, 186	有用性	168	連合	134	
辺素	28	ゆらぎ	83	連続の式	92	
辺連結度	27	【よ】		【ろ】		
辺連結度増大問題	29	容量制約	22	ローカリゼーション	134	
【ほ】		【ら】		ローカルミニマム	48	
防災	141	ラプラシアン行列	177	ロジスティック写像	31, 48, 52	
ポテンシャル関数	83	ランダムグラフ	13	ロバストネス	106	
【ま】				ローレンツシステム	52	
マイクロ波通信	144					
待ち行列理論	1, 70					
待ち時間	154					

【A】		CSMA/CA	54	【E】	
ACK	56	CSMA/CD	54	ERモデル (Erdös-Rényi model)	13
【B】		CW (Contention Window)	54	explore-exploitation dilemma	111
BAモデル (Barabási-Albert model)	14	【D】		【F】	
BDD (Binary Decision Diagram)	19	DIFS (DCF Inter Frame Space)	54	Fechnerの法則	162
BT (Backoff Timer)	54	Duplication-Divergence モデル	147	FordとFulkersonによる最大フローアルゴリズム	23
【C】					
CDMA	40				

索　　引　　217

【G】

green by ICT　　　115
green of ICT　　　115

【H】

Hopfield-Tank ニューラル
　ネットワーク　　　47

【I】

IEEE 802.11 DCF　　54

【K】

k 辺連結　　　27

【M】

MAC 層　　　53
MOS（Mean Opinion
　Score）　　　155
MPLS（Multi Protocol
　Label Switching）　128
$M/M/1/K$ モデル　　70

【N】

nature-inspired computing
　　　　　　　　　105
NAV（Network Allocation
　Vector）　　　59
NP 完全問題　　　109
NP 困難　　　18

【O】

OTN（Optical Transport
　Network）　　　129

【P】

P≠NP 問題　　　18

【Q】

QoE（Quality of
　Experience）　　155
QoS（Quality of
　Service）　　　155

【R】

ROADM（Reconfigurable
　Optical Add/Drop
　Multiplexer）　　120
RTS/CTS　　　58

【S】

SDH（Synchronous Digi-
　tal Hierarchy）　129
SIFS（Short Inter Frame
　Space）　　　54
SNS（Social Networking
　Service）　　　142
Stevens のべき乗則　　162
stigmergy　　　80

【Z】

ZDD（Zero-suppressed
　BDD）　　　19

【数字】

2 次割り当て問題　　48

―― 編著者略歴 ――

村田　正幸（むらた　まさゆき）
1982 年　大阪大学基礎工学部情報工学科卒業
1984 年　大阪大学大学院基礎工学研究科博士前期課程修了（物理系専攻）
1984 年　日本アイ・ビー・エム株式会社東京基礎研究所研究員
1987 年　大阪大学助手
1988 年　工学博士（大阪大学）
1991 年　大阪大学講師
1992 年　大阪大学助教授
1999 年　大阪大学教授
　　　　現在に至る

成瀬　誠（なるせ　まこと）
1994 年　東京大学工学部計数工学科卒業
1999 年　東京大学大学院工学系研究科博士課程修了（計数工学専攻）
　　　　博士（工学）
1999 年　東京大学産学共同研究センター研究員
2000 年　東京大学助手
2002 年　独立行政法人情報通信研究機構研究員
2003 年　国立研究開発法人情報通信研究機構（2015 年名称変更）主任研究員
　　　　現在に至る

情報ネットワーク科学入門
Introduction to Information Network Science

© 一般社団法人　電子情報通信学会 2015

2015 年 10 月 5 日　初版第 1 刷発行

|検印省略|

監　修　者　一般社団法人
　　　　　　電子情報通信学会
　　　　　　http://www.ieice.org/
編　著　者　村　田　正　幸
　　　　　　成　瀬　　　誠
発　行　者　株式会社　コロナ社
　　　　　　代表者　牛来真也
印　刷　所　三美印刷株式会社

112-0011　東京都文京区千石 4-46-10
発行所　株式会社　コロナ社
CORONA PUBLISHING CO., LTD.
Tokyo Japan
振替 00140-8-14844・電話 (03) 3941-3131 (代)

ホームページ http://www.coronasha.co.jp

ISBN 978-4-339-02801-0　　　　（製本：愛千製本所）
Printed in Japan

本書のコピー，スキャン，デジタル化等の無断複製・転載は著作権法上での例外を除き禁じられております。購入者以外の第三者による本書の電子データ化及び電子書籍化は，いかなる場合も認めておりません。

落丁・乱丁本はお取替えいたします

電子情報通信レクチャーシリーズ

■電子情報通信学会編　　（各巻B5判）

白ヌキ数字は配本順を表します。

				頁	本体
㉚	A-1	電子情報通信と産業	西村　吉雄著	272	4700円
⑭	A-2	電子情報通信技術史 ―おもに日本を中心としたマイルストーン―	「技術と歴史」研究会編	276	4700円
㉖	A-3	情報社会・セキュリティ・倫理	辻井　重男著	172	3000円
⑤	A-5	情報リテラシーとプレゼンテーション	青木　由直著	216	3400円
㉙	A-6	コンピュータの基礎	村岡　洋一著	160	2800円
⑲	A-7	情報通信ネットワーク	水澤　純一著	192	3000円
㉝	B-5	論理回路	安浦　寛人著	140	2400円
⑨	B-6	オートマトン・言語と計算理論	岩間　一雄著	186	3000円
①	B-10	電磁気学	後藤　尚久著	186	2900円
⑳	B-11	基礎電子物性工学 ―量子力学の基本と応用―	阿部　正紀著	154	2700円
④	B-12	波動解析基礎	小柴　正則著	162	2600円
②	B-13	電磁気計測	岩﨑　俊著	182	2900円
⑬	C-1	情報・符号・暗号の理論	今井　秀樹著	220	3500円
㉕	C-3	電子回路	関根　慶太郎著	190	3300円
㉑	C-4	数理計画法	山下・福島共著	192	3000円
⑰	C-6	インターネット工学	後藤・外山共著	162	2800円
③	C-7	画像・メディア工学	吹抜　敬彦著	182	2900円
㉜	C-8	音声・言語処理	広瀬　啓吉著	140	2400円
⑪	C-9	コンピュータアーキテクチャ	坂井　修一著	158	2700円
㉛	C-13	集積回路設計	浅田　邦博著	208	3600円
㉗	C-14	電子デバイス	和保　孝夫著	198	3200円
⑧	C-15	光・電磁波工学	鹿子嶋　憲一著	200	3300円
㉘	C-16	電子物性工学	奥村　次徳著	160	2800円
㉒	D-3	非線形理論	香田　徹著	208	3600円
㉓	D-5	モバイルコミュニケーション	中川・大槻共著	176	3000円
⑫	D-8	現代暗号の基礎数理	黒澤・尾形共著	198	3100円
⑱	D-11	結像光学の基礎	本田　捷夫著	174	3000円
⑤	D-14	並列分散処理	谷口　秀夫著	148	2300円
⑯	D-17	VLSI工学 ―基礎・設計編―	岩田　穆著	182	3100円
⑩	D-18	超高速エレクトロニクス	中村・三島共著	158	2600円
㉔	D-23	バイオ情報学 ―パーソナルゲノム解析から生体シミュレーションまで―	小長谷　明彦著	172	3000円
⑦	D-24	脳工学	武田　常広著	240	3800円
⑮	D-27	VLSI工学 ―製造プロセス編―	角南　英夫著	204	3300円

以下続刊

共通
A-4	メディアと人間	原島・北川共著
A-8	マイクロエレクトロニクス	亀山　充隆著
A-9	電子物性とデバイス	益・天川共著

基礎
B-1	電気電子基礎数学	大石　進一著
B-2	基礎電気回路	篠田　庄司著
B-3	信号とシステム	荒川　薫著
B-7	コンピュータプログラミング	富樫　敦著
B-8	データ構造とアルゴリズム	岩沼　宏治著
B-9	ネットワーク工学	仙石・田村・中野共著

基盤
C-2	ディジタル信号処理	西原　明法著
C-5	通信システム工学	三木　哲也著
C-11	ソフトウェア基礎	外山　芳人著

展開
D-1	量子情報工学	山崎　浩一著
D-4	ソフトコンピューティング	
D-7	データ圧縮	谷本　正幸著
D-13	自然言語処理	松本　裕治著
D-15	電波システム工学	唐沢・藤井共著
D-16	電磁環境工学	徳田　正満著
D-19	量子効果エレクトロニクス	荒川　泰彦著
D-22	ゲノム情報処理	高木・小池編著
D-25	生体・福祉工学	伊福部　達著

定価は本体価格+税です。
定価は変更されることがありますのでご了承下さい。

図書目録進呈◆

コロナ社創立90周年記念出版
〔創立1927年〕

内容見本進呈

情報ネットワーク科学シリーズ

(各巻A5判)

■電子情報通信学会 監修
■編集委員長　村田正幸
■編集委員　会田雅樹・成瀬　誠・長谷川幹雄

> 本シリーズは，従来の情報ネットワーク分野における学術基盤では取り扱うことが困難な諸問題，すなわち，大量で多様な端末の収容，ネットワークの大規模化・多様化・複雑化・モバイル化・仮想化，省エネルギーに代表される環境調和性能を含めた物理世界とネットワーク世界の調和，安全性・信頼性の確保などの問題を克服し，今後の情報ネットワークのますますの発展を支えるための学術基盤としての「情報ネットワーク科学」の体系化を目指すものである．

シリーズ構成

配本順			頁	本体
1.（1回）	情報ネットワーク科学入門	村田正幸・成瀬　誠 編著	230	3000円
2.（4回）	情報ネットワークの数理と最適化 ―性能や信頼性を高めるためのデータ構造とアルゴリズム―	巳波弘佳・井上武 共著		近刊
3.（2回）	情報ネットワークの分散制御と階層構造	会田雅樹 著	230	3000円
4.	ネットワーク・カオス ―非線形ダイナミクス・複雑系と情報ネットワーク―	長谷川幹雄・中尾裕也・合原一幸 共著		
5.（3回）	生命のしくみに学ぶ 情報ネットワーク設計・制御	若宮直紀・荒川伸一 共著	166	2200円

定価は本体価格+税です．
定価は変更されることがありますのでご了承下さい．

図書目録進呈◆